剪映

热门短视频剪辑实战 ▶

爆款字幕 + 调色技巧 + 卡点效果

合成特效 + 创意转场 + 影视特效

李 慧 —————— 编著

U0221752

化学工业出版社

·北京·

内容简介

本书基于剪映移动版编写而成，集合剪映常用功能，分9大专题，通过82个热门案例详细介绍了剪映手机短视频的制作方法与技巧，可以帮助读者轻松、快速地掌握短视频制作方法，成为视频剪辑高手。

全书共包含9章内容，第1、2章为基础篇，循序渐进地讲解了剪映的基本功能，如素材导入、比例、倒放、动画、镜像、画面定格等，以及文字消散、综艺花字、镂空文字等字幕效果的制作方法。第3、4章为提高篇，详细介绍了剪映的调色技巧和卡点短视频的制作方法。第5～7章为进阶篇，主要介绍了网络上比较流行的一些合成效果、转场效果以及影视特效的制作方法。第8、9章为综合案例篇，结合之前学习的内容进行汇总，为读者讲解了短视频常见的片头、片尾的制作技巧，以及主图视频、直播预告、新品发布、婚礼开场、公益宣传短视频的制作方法，帮助读者迅速掌握使用剪映制作不同效果短视频的技巧。

本书提供了操作案例的素材文件和效果文件，同时有专业讲师以视频的形式讲解相关内容，扫码即可观看，方便读者边学习边消化，成倍提高学习效率。

本书适合广大短视频爱好者、自媒体运营人员，以及想要寻求突破的新媒体平台工作人员、短视频电商营销与运营者等学习和使用。

图书在版编目（CIP）数据

剪映热门短视频剪辑实战：爆款字幕+调色技巧+卡点效果+合成特效+创意转场+影视特效/李慧编著. —北京：化学工业出版社，2023.6（2024.2重印）

ISBN 978-7-122-43125-7

Ⅰ.①剪…　Ⅱ.①李…　Ⅲ.①视频编辑软件　Ⅳ.①TP317.53

中国国家版本馆CIP数据核字（2023）第047078号

责任编辑：王清颢　张兴辉　　　　　　　　装帧设计：史利平
责任校对：宋　夏

出版发行：化学工业出版社（北京市东城区青年湖南街13号　邮政编码100011）
印　　装：北京宝隆世纪印刷有限公司
787mm×1092mm　1/16　印张19　字数400千字　2024年2月北京第1版第2次印刷

购书咨询：010-64518888　　　　　　　　售后服务：010-64518899
网　　址：http://www.cip.com.cn
凡购买本书，如有缺损质量问题，本社销售中心负责调换。

定　　价：99.00元
版权所有　违者必究

前　言

随着短视频的迅速发展，不仅抖音这款APP在短短几年内风靡世界，由抖音官方推出的手机视频编辑工具剪映APP也逐渐成为8亿用户首选的短视频后期处理工具。

如今，剪映在安卓、IOS、电脑端的总下载量超过30亿次，不仅是手机端短视频剪辑领域的强者，而且还得到越来越多的电脑端用户的青睐，因此，剪映商业化的应用也与日俱增。使用大型图形视频处理软件制作电影效果与商业广告可能需要花费几个小时，使用剪映只需花费几分钟或几十分钟也能达到同样的效果。因此，功能强大、配置要求低、容易上手等特点，使剪映有望在未来成为商业作品的重要剪辑工具之一。

➤ 本书特色

82个热门案例：本书没有过多的枯燥理论，全书采用"案例式"教学方法，通过82个实用性极强的实战案例，为读者讲解视频剪辑的技巧，步骤详细，简单易懂，帮助读者从新手快速成为视频后期高手。

56个技巧提示：书中介绍56个干货技巧，根据案例实操步骤详细分解每个知识点，内容深入浅出，能够有效激发读者的创作灵感，做出专业水准的短视频。

视频讲解、手把手教学：本书提供详细的视频讲解文件，扫码即可查看详细操作步骤和效果展示（视频与文稿有少许不同之处，仅供参考）。

➤ 内容框架

本书基于剪映移动版编写而成，由于官方软件升级更新较为频繁，版本之间部分功能和内置素材会有些许差异，建议大家灵活对照自身所使用的版本进行变通学习。

本书对剪映基础功能、字幕效果、卡点视频、创意合成效果、转场效果等内容进行了详细讲解，全书共分为9章，具体内容框架如下所述。

第1章　剪映软件快速入门：主要讲解了剪映的基本功能，如素材导入、剪同款、背景、比例、倒放、动画、镜像、画面定格等。

第2章　添加字幕让视频更有文艺范：详细讲解了创意字幕效果的制作方法，如文字消散、片头镂空文字、综艺花字、片尾字幕、倒影字幕、流光字幕等。

第3章　掌握调色技巧让画面更美观：介绍了一些常见流行色调的调色方法，如赛博朋克色调、日系动漫色调、青橙色调、森系色调、糖果色调等。

第4章　使用卡点功能打造动感视频：介绍了照片卡点、动画卡点、3D卡点、分屏卡点、蒙版卡点、定格卡点、变色卡点、关键帧卡点这8种卡点视频的制作方法。

第5章　合成效果打造创意画面：主要介绍了一些热门合成效果的制作方法，如人物分身合体效果、时空穿越效果、影子分身效果、魔法变身效果等。

第6章　应用转场使画面衔接更流畅：介绍了热门转场效果的制作方法，如无缝转场、水墨转场、蒙版转场、抠像转场、瞳孔转场等。

第7章　应用特效将短视频做出专业效果：主要介绍了电影、电视剧中几个常见特效的制作方法，包括人物穿越文字、一人分饰两角、人物若隐若现以及时间快速跳转特效等。

第8章　创意片头片尾使视频更具个性化：主要介绍了卷轴开幕、涂鸦片头、图片汇聚片头、抖音片尾，以及水墨风片尾的制作方法。

第9章　综合实训——挑战商业项目：结合之前学习的内容进行汇总，挑战商业项目实战案例，包括淘宝主图视频、直播预告短视频、新品发布视频、婚礼开场短片，以及公益宣传短片。

➤ 读者群体

本书是一本适用于广大视频创作者及爱好者的指导用书，适合广大短视频爱好者、自媒体运营人员，以及想要寻求突破的新媒体平台工作人员、短视频电商营销与运营者等。

编著者

2022年12月

目 录

提 高 篇

综合案例篇

基础篇

剪映APP是抖音推出的一款视频剪辑应用，拥有全面的剪辑功能，支持分割、缩放轨道、素材替换、美容瘦脸等功能，并提供丰富的曲库资源和视频素材资源。本章将从剪映的基础功能开始，以案例的形式详细介绍剪映APP的具体操作方法，如素材导入、比例、倒放、动画、镜像、画面定格等。

实例001　创建项目——盛放的水芙蓉

创建剪辑项目，是视频编辑处理的基本操作，也是新手用户需要优先学习的内容。本案例将讲解在剪映中创建剪辑项目的方法，效果如图1-1所示。

扫码看视频
实例001

（视频内为操作演示+效果展示，仅供参考，下同）

图 1-1

步骤01 在手机屏幕上点击剪映图标，打开剪映APP，如图1-2所示。进入剪映主界面，点击"开始创作"按钮➕，如图1-3所示。

图 1-2

图 1-3

步骤02 进入素材添加界面，在其中选择相应的视频或照片素材，如图1-4和图1-5所示。

图 1-4

图 1-5

步骤03 完成选择后，点击"添加"按钮，如图1-6所示。进入视频编辑界面，其界面组成如图1-7所示。

提示

时间线区域包含"轨道""时间轴"和"时间刻度"三大元素，当需要对素材长度进行裁剪或者添加某种效果时，就需要同时运用这三大元素来精确控制裁剪和添加效果的范围。而剪映底部的工具栏区域在不选中任何轨道的情况下，显示的为一级工具栏，点击相应按钮，即会进入二级工具栏。需要注意的是，当选中某一轨道后，剪映工具栏会随之发生变化，变成与所选轨道相匹配的工具。

图1-6

预览区域

时间线区域

工具栏区域

图1-7

步骤04 点击预览区域右下角的按钮，可全屏预览视频效果，全屏效果如图1-8所示。点击播放按钮，即可播放视频，播放效果如图1-9所示。

图1-8

图1-9

步骤05 确认视频无误后，即可点击界面右上角的"导出"按钮，将视频保存至相册。

🕐 **提示**

　　预览区域的作用在于可以实时查看视频画面，随着时间轴处于视频轨道的不同位置，预览区域会显示当前时间轴所在那一帧的画面。图1-7中预览区域的左下角显示的00:00/00:14，表示当前时间轴位于的时间刻度为00:00，00:14则表示视频总时长为14s。

实例002　素材库——制作美食混剪短视频

扫码看视频
实例002

　　剪映拥有非常丰富的素材资源，用户在创建剪辑项目后，可以直接从剪映内置的素材包和素材库中导入素材文件进行剪辑。本案例将讲解使用素材包和素材库快速出片的方法，效果如图1-10所示。

图 1-10

步骤01 打开剪映，在主界面中点击"开始创作"按钮 ⊞，如图 1-11 所示。进入素材添加界面，点击切换至"素材库"选项，如图 1-12 所示。

提示

当用户在进行素材选择时，点击素材缩略图右上角的圆圈可以选中目标，直接点击素材缩略图，则可以展开素材进行全屏预览。

图 1-11

图 1-12

步骤02 在界面顶部的搜索栏中输入关键词"美食"（图 1-13），点击"搜索"按钮。在搜索出的美食视频中选择需要使用的选项，完成选择后点击界面右下角的"添加"按钮，将素材添加至剪辑项目中，如图 1-14 所示。

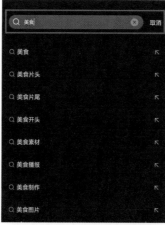

图 1-13

图 1-14

⊃ 步骤03 进入视频编辑界面，在时间线区域选中第1段素材，将其右侧的白色边框向左拖动，使素材长度缩短至2.2s，如图1-15所示。

⊃ 步骤04 参照步骤03的操作方法，将第2～6段素材的长度缩短至1.3s，将第7段素材的长度缩短至2.1s，将第8段素材的长度缩短至3.7s，如图1-16所示。

⊃ 步骤05 将时间轴定位至视频的起始位置，点击底部工具栏中的"素材包"按钮，如图1-17所示。

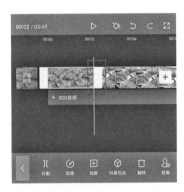

图 1-15 ❶

图 1-16

图 1-17

⊃ 步骤06 打开素材包选项栏，在片头选项中选择图1-18所示的视频片段，点击界面右上角的按钮保存操作。

⊃ 步骤07 将时间轴移动至第1段素材的尾端，将片头素材右侧的白色边框向左拖动，使片头素材的长度和第1段素材的长度保持一致，如图1-19所示。

⊃ 步骤08 将时间轴移动至视频的尾端，选中片尾，点击底部工具栏中的"删除"按钮，如图1-20所示，将剪映自带的片尾素材删除。

图 1-18

图 1-19

图 1-20

❶ 为便于读者阅读或版式美观，部分截屏未全部展示。

步骤09 将时间轴移动至视频12s的位置，点击底部工具栏中的"新增素材包"按钮，如图1-21所示。打开素材包选项栏，在片尾选项中选择图1-22所示的视频片段，点击界面右上角的按钮 ✓ 保存操作。

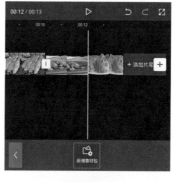

图 1-21

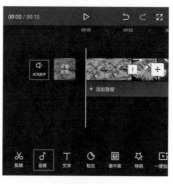

图 1-22

步骤10 将时间轴移动至视频的起始位置，在时间线区域点击"关闭原声"按钮，再在未选中任何素材的状态下，点击底部工具栏中的"音频"按钮，如图1-23所示。打开音频选项栏，点击其中的"音乐"按钮，如图1-24所示。

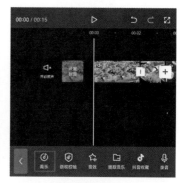

图 1-23

图 1-24

步骤11 进入剪映音乐素材库，点击"美食"选项，如图1-25所示。在美食音乐列表中选择图1-26中的音乐，点击"使用"按钮将其添加至剪辑项目中。

图 1-25

图 1-26

提 示

> 进入剪映音乐素材库后，可以看到音乐素材的右侧分布了一些功能按钮，当用户点击"收藏"按钮☆，可将音乐添加至音乐素材库的"收藏"列表中，方便下次使用。点击"下载"按钮↓，可以下载音乐，下载完成后会自动进行播放。在完成音乐的下载后，将出现"使用"按钮 使用 ，点击该按钮即可将音乐添加到剪辑项目中。

步骤12 将时间轴移动至视频的尾端，选中音乐素材，点击底部工具栏中的"分割"按钮 （此时默认选中后面的部分），再点击"删除"按钮 ，如图1-27和图1-28所示，将多余的音乐素材删除。

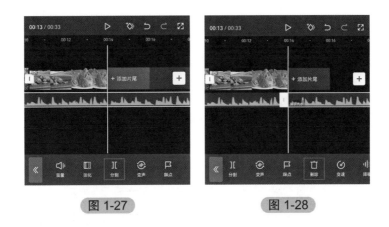

图 1-27　　　　　　　　　　图 1-28

步骤13 完成所有操作后，即可点击界面右上角的"导出"按钮，将视频保存至相册。

知识导读 ● 添加音频素材的4种方式

在上述案例中讲述了从剪映的音乐素材库中调用音乐的操作方法，但除此之外，剪映还支持用户将抖音等其他平台中的音乐添加至剪辑项目，下面将详细进行介绍。

（1）提取本地视频的背景音乐

剪映支持用户对本地相册中拍摄和存储的视频进行音乐提取操作，简单来说就是将其他视频中的音乐提取出来并单独应用到剪辑项目中。

提取视频音乐的方法也非常简单，在音乐素材库中，切换至"导入音乐"选项，然后在选项栏中点击"提取音乐"按钮 ，接着点击"去提取视频中的音乐"按钮，如图1-29所示。在打开的素材选取界面中选择带有音乐的视频，然后点击"仅导入视频的声音"按钮，如图1-30所示。

图 1-29　　　　　　　　　　　图 1-30

完成上述操作后，视频中的背景音乐将被提取并导入至音乐素材库，如图1-31所示。如果要将导入素材库中的音乐素材删除，只需在界面中长按音乐素材，即可展开"删除该音乐"选项，如图1-32所示。

图 1-31　　　　　　　　　　　图 1-32

除了可以在音乐素材库中进行音乐的提取操作外，用户还可以选择在视频编辑界面中完成音乐提取操作。在未选中任何素材的状态下，点击底部工具栏中的"音频"按钮 🎵，如图1-33所示，然后在打开的音频选项栏中点击"提取音乐"按钮 📁，如图1-34所示，即可进行视频音乐的提取操作。

图 1-33　　　　　　　　　　　图 1-34

（2）使用抖音收藏的音乐

作为一款与抖音直接关联的短视频剪辑软件，剪映支持用户在剪辑项目中添加抖音中的音乐。在进行该操作前，用户需要在剪映主界面中切换至"我的"界面，登录自己的抖音账号。通过这一操作，建立剪映与抖音的连接，之后用户在抖音中收藏的音乐就可以直接在剪映的"抖音收藏"中找到并进行调用了。下面介绍具体的操作方法。

打开抖音APP，在视频播放界面点击界面右下角的CD形状的按钮，如图1-35所示，进入拍同款界面，点击"收藏音乐"按钮☆，即可收藏该视频的背景音乐，如图1-36和图1-37所示。

图 1-35

图 1-36

图 1-37

进入剪映，打开需要添加音乐的剪辑项目，进入视频编辑界面，在未选中任何素材的状态下，将时间轴移动至视频的起始位置，然后点击底部工具栏中的"音频"按钮♪，如图1-38所示。在打开的音频选项栏中点击"抖音收藏"按钮♪，如图1-39所示。

图 1-38

图 1-39

进入剪映的音乐素材库，即可在界面下方的抖音收藏列表中看到刚刚收藏的音乐，如图1-40所示，点击下载音乐，再点击"使用"按钮，即可将收藏的音乐添加至剪辑项目中，如图1-41所示。

图 1-40

图 1-41

如果想在剪映中将"抖音收藏"中的音乐素材删除，只需要在抖音中取消该音乐的收藏即可。

（3）通过链接提取音乐

如果剪映音乐素材库中的音乐素材不能满足剪辑需求，那么用户可以尝试通过视频链接提取其他视频中的音乐。以抖音为例，用户如果想使用该平台中某个视频的背景音乐，可以在抖音的视频播放界面点击右侧的分享按钮，再在底部弹窗中点击"复制链接"按钮，如图1-42和图1-43所示。

图 1-42

图 1-43

完成操作后，进入剪映音乐素材库，切换至"导入音乐"选项，然后在选项栏中点击"链接下载"按钮，在文本框中粘贴之前复制的音乐链接，再点击右侧的下载按钮，如图1-44所示，等待片刻，在解析完成后，即可点击"使用"按钮将音乐添加至剪辑项目，如图1-45所示。

图 1-44

图 1-45

 提示

对于想要靠视频作品营利的用户来说，在使用其他平台的音乐作为视频素材前，需与平台或音乐创作者进行协商，避免发生作品侵权行为。

（4）录制语音添加旁白

通过剪映中的"录音"功能，用户可以实时在剪辑项目中完成旁白的录制和编辑工作。在使用剪映录制旁白前，最好连接上耳麦，有条件的话可以配备专业的录制设备，这样能有效地提升声音质量。

在开始录音前，先将时间轴移动至视频的起始位置，在未选中任何素材的状态下，点击音频选项栏中的"录音"按钮，然后在底部浮窗中按住红色的录制按钮，如图1-46和图1-47所示。

图 1-46

图 1-47

在按住录制按钮的同时，轨道区域将同时生成音频素材，如图1-48所示，此时用户可以根据视频内容录入相应的旁白。完成录制后，释放录制按钮，即可停止录音。点击右下角的按钮，便可保存音频素材，如图1-49所示。

图 1-48

图 1-49

在进行录音时，可能会由于口型不匹配，或环境干扰造成音效的不自然，因此建议大家尽量选择安静、没有回音的环境进行录制工作。在录音时，嘴巴需与麦克风保持一定的距离，可以尝试用打湿的纸巾将麦克风裹住，以防止喷麦。

实例003　剪同款——时尚穿搭展示视频

"剪同款"是剪映的一项特色功能，它为用户提供了大量视频创作模板，用户只需手动添加视频或图像素材，就能够直接将他人编辑好的视频参数套用到自己的视频中，快速且高效地制作出一条包含特效、转场、卡点等效果的完整视频。本案例将讲解套用模板的具体操作方法，效果如图1-50所示。

扫码看视频
实例003

图 1-50

步骤01 打开剪映，在主界面中点击"剪同款"按钮，跳转至模板界面，在界面中选择一个需要应用的视频模板，如图1-51所示，点击进入播放界面，再点击界面右下角的"剪同款"按钮，如图1-52所示。

图 1-51

图 1-52

步骤02 进入素材添加界面，按照界面中的提示选择需要使用的素材，选择完成后点击"下一步"按钮，进入视频编辑界面，如图1-53和图1-54所示。

图 1-53

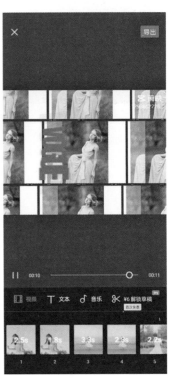

图 1-54

步骤03 预览视频之后点击需要进行修改的素材的缩览图，而后点击素材缩览图中的"点击编辑"按钮，如图1-55所示，再在界面浮现的工具栏中点击"裁剪"按钮 ⊞，如图1-56所示。在裁剪界面中滑动裁剪框选取需要显示的视频片段，完成操作后点击界面右下角的"确认"按钮，如图1-57所示。

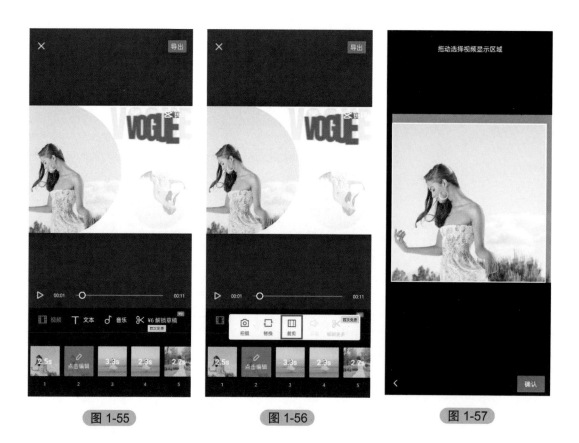

图 1-55   图 1-56   图 1-57

提示

在编辑界面中，切换至"文本"选项，可以看到底部分布的文字素材缩览图，点击其中任意一个文字素材，将弹出键盘，此时用户可以修改选中的文字内容。

步骤04 完成所有操作后，即可点击界面右上角的"导出"按钮，将视频保存至相册。

实例004　背景和比例——图书馆的故事

在剪映中，将"背景"和"比例"两个功能结合使用，可以实现横版视频和竖版视频的切换。本案例将讲解横版视频转换为竖版视频的具体操作方法，效果如图1-58所示。

扫码看视频
实例004

图 1-58

步骤01　打开剪映，在素材添加界面选择一段校园视频添加至剪辑项目中。在未选中任何素材的状态下，点击底部工具栏中的"比例"按钮■，在比例选项栏中选择"9：16"选项，如图1-59和图1-60所示。

图 1-59

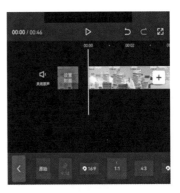

图 1-60

步骤02 在底部工具中点击返回按钮，如图1-61所示。在未选中任何素材的状态下点击底部工具栏中的"背景"按钮，打开背景选项栏，如图1-62所示。

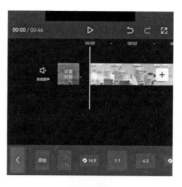

图 1-61

图 1-62

步骤03 在背景选项栏中点击"画布模糊"按钮，如图1-63所示，再在打开的效果选项栏中选择如图1-64所示的模糊效果，点击右下角的按钮保存操作。

图 1-63

图 1-64

步骤04 完成所有操作后，即可点击界面右上角的"导出"按钮，将视频保存至相册。

提示

当剪辑项目中拥有多段素材，且需要为所有素材统一设置背景画布，那么在选择背景样式后，可以点击界面中的"全局应用"按钮。

实例005 视频倒放——打造破镜重圆效果

顾名思义，所谓"倒放"功能就是可以让视频从后往前播放。当视频记录的是一些随时间发生变化的画面时，比如花开花落、日出日暮等，应用此功能可以营造出一种时光倒流的视觉效果。本案例将讲解使用"倒放"功能制作破镜重圆效果的操作方法，效果如图1-65所示。

图 1-65

扫码看视频
实例005

步骤01 打开剪映，在素材添加界面选择一段"镜子破碎"的视频添加至剪辑项目中。将时间轴移动至画面中碎屑消散的位置，选中素材，点击底部工具栏中的"分割"按钮，再点击"删除"按钮，将分割出的后半段素材删除，如图1-66和图1-67所示。

图 1-66

图 1-67

步骤02 将时间线定位
至视频的尾端，选中素
材，点击底部工具栏中
的"复制"按钮，如
图1-68所示。选中复制
出的素材，点击底部工
具栏中的"倒放"按钮，如图1-69所示。

图 1-68

图 1-69

步骤03 完成所有操作后，再为视频添加一首合适的背景音乐，即可点击界面右上角的"导出"按钮，将视频保存至相册。

提示

除上述案例中的"破镜重圆"效果外，"倒放"功能还有许多其他的妙用，比如利用"倒放"功能使人物不断地重复做一件事，如回头、爬楼梯等，可以制作出非常流行的视频效果。

知识导读 · 制作音乐卡点效果

以往在使用视频剪辑软件制作卡点视频时，往往需要用户一边试听音频效果，一边手动标记节奏点，是一项既费时又费力的事情，因此制作卡点视频让很多新手创作者望而却步，但剪映不仅支持用户手动标记节奏点，还能帮助用户快速分析背景音乐，自动生成节奏标记点，下面将具体进行介绍。

（1）手动卡点

在时间线区域选中音
乐素材，点击底部工具栏
中的"踩点"按钮，如
图1-70所示。在打开的踩
点选项栏中，将时间轴移
动至需要进行标记的时间
点，然后点击"添加点"
按钮，如图1-71所示。

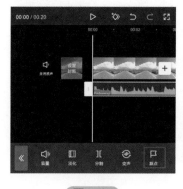

图 1-70

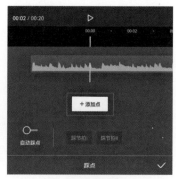

图 1-71

完成上述操作后，即可在时间轴所在的位置添加一个黄色的标记，如图1-72所示，如果对添加的标记不满意，点击"删除点"按钮即可将标记删除。

标记点添加完成后，点击按钮 ✓ 即可保存操作，此时轨道区域中可以看到刚刚添加的标记点，如图1-73所示，根据标记点所处位置可以轻松地对视频进行剪辑，完成卡点视频的制作。

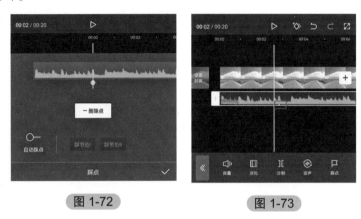

图 1-72　　　　　　　　　　图 1-73

（2）自动卡点

在时间线区域添加音乐素材后，选中音乐素材，点击底部工具栏中的"踩点"按钮 ▣ ，如图1-74所示。在打开的踩点选项栏中，点击"自动踩点"按钮，将自动踩点功能打开，用户可以根据自己的需求选择"踩节拍Ⅰ"或"踩节拍Ⅱ"，完成选择后点击按钮 ✓ 保存操作，此时音乐素材下方会自动生成黄色的标记点，如图1-75所示。

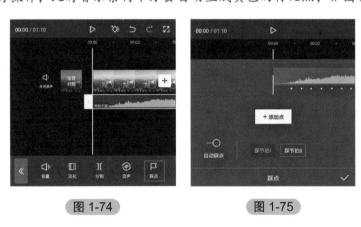

图 1-74　　　　　　　　　　图 1-75

实例006　添加动画——旅行照动感卡点

很多用户在使用剪映时容易将"特效""转场"与"动画"混淆。虽然这三者都可以让画面看起来更具动感，但动画功能既不能像特效那样改变画面内容，也不能像转场那样衔接两个片段，它所实现的其实是所选视频出现及消失的动态效果。本案例将讲解使用动画功能制作旅行照动感卡点的操作方法，效果如图1-76所示。

扫码看视频
实例006

图 1-76

🔘 **步骤01** 打开剪映，在素材添加界面选择一段"行车"视频和19张旅行照添加至剪辑项目中。在时间线区域选中第1段素材，点击底部工具栏中的"编辑"按钮🔲，如图1-77所示，打开编辑选项栏，点击其中的"裁剪"按钮🔲，如图1-78所示。

🔘 **步骤02** 在裁剪选项栏中选择"16：9"选项，完成选择后点击右下角的按钮✅保存操作，如图1-79所示。再参照上述操作方法将余下的19段素材裁剪为16：9的比例。

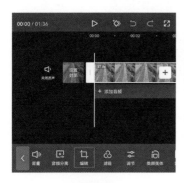

图 1-77

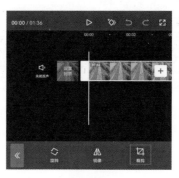

图 1-78

图 1-79

步骤03 在未选中任何素材的状态下，点击底部工具栏中的"音频"按钮♪，如图1-80所示，打开音频选项栏，点击其中的"音乐"按钮⊙，如图1-81所示。

图1-80

图1-81

步骤04 进入剪映的音乐素材库，在界面顶部的搜索栏中输入关键词"Lone Ranger"，点击"搜索"按钮，如图1-82所示。在搜索出的音乐素材中，选择图1-83中的音乐，并点击"使用"按钮将其添加至剪辑项目中。

图1-82

图1-83

步骤05 在时间线区域选中音乐素材，点击底部工具栏中的"踩点"按钮▣，如图1-84所示。在踩点选项栏中点击"自动踩点"按钮，选择"踩节拍Ⅱ"选项，完成后点击右下角的按钮✓保存操作，如图1-85所示。

图1-84

图1-85

步骤06 将时间轴移动至第5个节拍点的位置，选中第1段素材，点击底部工具栏中的"分割"按钮，再点击"删除"按钮，如图1-86和图1-87所示，将分割出来的后半段素材删除，使第1段素材的尾部和第5个节拍点对齐。

图 1-86

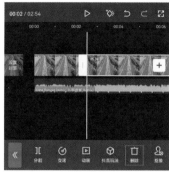

图 1-87

步骤07 参照步骤06的操作方法，对余下素材进行处理，使第2段素材的尾部和第6个节拍点对齐，第3段素材的尾部和第8个节拍点对齐，余下素材皆和剩余的节拍点对齐，如图1-88所示。执行操作后，在时间线区域选中第1段素材，点击底部工具栏中的"动画"按钮，如图1-89所示。

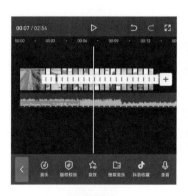

图 1-88

图 1-89

步骤08 打开动画选项栏，点击其中的"组合动画"按钮，如图1-90所示。在组合动画选项栏中选择"缩小旋转"效果，完成选择后点击右下角的按钮保存操作，如图1-91所示。再参照上述操作方法为余下的素材添加动画效果。

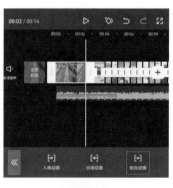

图 1-90

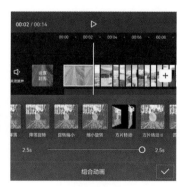

图 1-91

步骤09 将时间轴移动至视频的尾端，选中音乐素材，点击底部工具栏中的"分割"按钮，再点击"删除"按钮，如图1-92和图1-93所示，将多余的音乐素材删除。

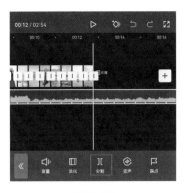

图1-92

图1-93

步骤10 完成所有操作后，即可点击界面右上角的"导出"按钮，将视频保存至相册。

提示

动画时长的可设置范围是根据所选片段的时长变动的。在设置动画时长后，具有动画效果的时间范围会在轨道上有浅浅的绿色覆盖，从而可以直观地看出动画时长与整个视频的关系。

实例007 关键帧——让照片动起来

通过关键帧功能，可以让一些原本不会移动的、非动态的元素在画面中动起来，还可以让一些后期增加的效果随时间渐变。本案例将讲解使用关键帧功能让照片动起来的操作方法，效果如图1-94所示。

扫码看视频
实例007

图1-94

步骤01 打开剪映，在素材添加界面选择16张人物背影的图片素材添加至剪辑项目中。在时间线区域选中第1段素材，点击底部工具栏中的"编辑"按钮，如图1-95所示，打开编辑选项栏，点击其中的"裁剪"按钮，如图1-96所示。

步骤02 在裁剪选项栏中选择"16：9"选项，完成选择后点击右下角的按钮保存操作，如图1-97所示，再参照上述操作方法将余下的15段素材裁剪为16：9的比例。

图 1-95

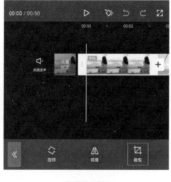

图 1-96

图 1-97

步骤03 在未选中任何素材的状态下，点击底部工具栏中的"音频"按钮，如图1-98所示，打开音频选项栏，点击其中的"音乐"按钮，如图1-99所示。

图 1-98

图 1-99

步骤04 进入剪映的音乐素材库，在界面顶部的搜索栏中输入关键词"梨花又开放"，点击"搜索"按钮，如图1-100所示。在搜索出的音乐素材中选择图1-101中的音乐，点击"使用"按钮将其添加至剪辑项目中。

图 1-100

图 1-101

步骤05 在时间线区域选中音乐素材，点击底部工具栏中的"踩点"按钮，如图1-102所示。在踩点选项栏中点击"自动踩点"按钮，选择"踩节拍Ⅱ"选项，完成后点击右下角的按钮保存操作，如图1-103所示。

图 1-102

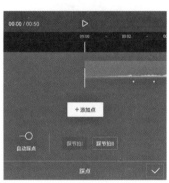

图 1-103

步骤06 将时间轴移动至第1个节拍点的位置，选中第1段素材，点击底部工具栏中的"分割"按钮，再点击"删除"按钮，如图1-104和图1-105所示，将分割出来的后半段素材删除，使第1段素材的尾部和第1个节拍点对齐。

图 1-104

图 1-105

步骤07 参照步骤06的操作方法，根据音乐的节拍点对余下的素材进行剪辑，如图1-106所示。

步骤08 将时间轴移动至视频的起始位置，在预览区域双指背向滑动，将画面放大，点击界面中的按钮◆，添加一个关键帧，如图1-107所示。

步骤09 将时间轴移动至第1段素材的尾部，在预览区域双指相向滑动，将画面缩小，此时剪映会自动在时间轴所在位置再创建一个关键帧，如图1-108所示。参照步骤08和步骤09的操作方法为余下素材添加关键帧。

图 1-106　　　　　　　　　图 1-107

图 1-108

步骤10 将时间轴移动至视频的尾端，选中音乐素材，点击底部工具栏中的"分割"按钮II，再点击"删除"按钮🗑，如图1-109和图1-110所示，将多余的音乐素材删除。

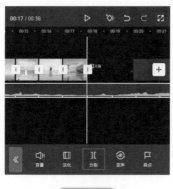

图 1-109

图 1-110

步骤 11 完成所有操作后，即可点击界面右上角的"导出"按钮，将视频保存至相册。

提示

> 除了上述案例中的运镜效果外，关键帧还有很多的应用方式。例如，关键帧结合滤镜，可以实现渐变色的效果；关键帧结合蒙版，可以实现蒙版逐渐移动的效果；关键帧甚至还能与音频轨道结合，实现任意阶段音量的渐变效果。

实例008 画中画——三屏古风短片

"画中画"顾名思义就是使视频画面中同时出现其他视频画面。"画中画"功能不仅能使多个画面同步播放，还能制作出很多创意视频。例如，让一个人分饰两角，或是营造"隔空"对唱、聊天的场景效果。本案例将讲解使用"画中画"功能制作三屏古风短片的操作方法，效果如图1-111所示。

扫码看视频
实例008

图 1-111

步骤01 打开剪映，在素材添加界面选择一段古风视频素材添加至剪辑项目中。在未选中任何素材的状态下，点击底部工具栏中的"比例"按钮 ■，如图1-112所示，打开比例选项栏，选择其中的"9：16"选项，如图1-113所示。

图 1-112

图 1-113

步骤02 在时间线区域选中视频素材，点击底部工具栏中的"复制"按钮 ▣，在轨道中复制一段一模一样的视频素材，如图1-114和图1-115所示。参照上述操作方法在轨道中再次复制一段素材。

图 1-114

图 1-115

步骤03 在时间线区域选中第2段视频素材，点击底部工具栏中的"切画中画"按钮 ✄，如图1-116所示，并将其移动至第1段素材的下方，如图1-117所示。

图 1-116

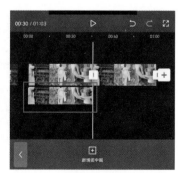

图 1-117

⇨ **步骤04** 参照步骤03的操作方法将第3段视频移动至第2段视频素材的下方，如图1-118所示。在时间线区域选中第1段素材，在预览区域将其移动至画面的最上方，如图1-119所示。

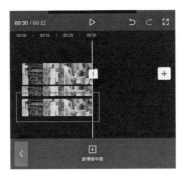

图 1-118

图 1-119

⇨ **步骤05** 参照步骤04的操作方法将第2段素材移动至画面的最下方，如图1-120所示，并预览区域调整好3段素材的大小，使其将画面全部覆盖，如图1-121所示。

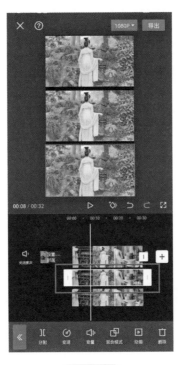

图 1-120

图 1-121

→ **步骤06** 完成所有操作后，再为视频添加一首合适的背景音乐，即可点击界面右上角的"导出"按钮，将视频保存至相册。

提示

在剪映中，用户不仅可以在预览区域通过双指缩放来调整画面的大小，还可以通过双指旋转操作完成画面的旋转，双指的旋转方向对应画面的旋转方向。

实例009　镜像效果——打造盗梦空间效果

通过剪映中的"镜像"功能，可以轻松地将素材画面进行翻转，并且还可以结合"比例"和"旋转"功能打造盗梦空间效果，如图1-122所示，本案例将介绍具体的操作步骤。

扫码看视频
实例009

图1-122

步骤01 打开剪映，在素材添加界面选择一段桥梁的视频素材添加至剪辑项目中。在未选中任何素材的状态下点击底部工具栏中的"比例"按钮 ，如图1-123所示，打开比例选项栏，选择其中的"9∶16"选项，如图1-124所示。

图 1-123

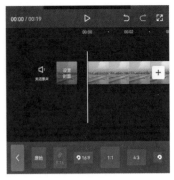

图 1-124

步骤02 将时间轴移动至视频的起始位置，在未选中任何素材的状态下，点击底部工具栏中的"画中画"按钮 ，再点击"新增画中画"按钮 ，进入素材添加界面，导入同一段视频素材，如图1-125和图1-126所示。

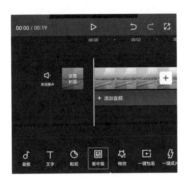

图 1-125

图 1-126

步骤03 在时间线区域选中画中画素材，点击底部工具栏中的"编辑"按钮 ，如图1-127所示，进入编辑选项栏，点击其中的"镜像"按钮 ，如图1-128所示。

图 1-127

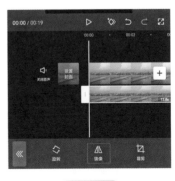

图 1-128

步骤04 在编辑选项栏中连续点击两次"旋转"按钮，将画中画素材顺时针旋转180°，如图1-129所示。在预览区域将原素材移动至显示区域的下方，将画中画素材移动至显示区域的上方，并调整好素材的大小，如图1-130所示。

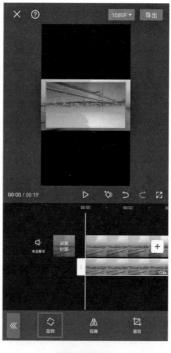

图 1-129

图 1-130

步骤05 完成所有操作后，再为视频添加一首合适的背景音乐，即可点击界面右上角的"导出"按钮，将视频保存至相册。

提示

　　相较于手动旋转操作来说，通过"旋转"功能旋转画面具有一定的局限性，只能对画面进行顺时针方向上的90°旋转。

实例010　添加特效——冬天渐变成夏天

　　剪映为广大视频爱好者提供了非常丰富且酷炫的视频特效，能够帮助用户轻松地实现开幕、闭幕、模糊、分屏等视觉效果，也能人为地制造飞花、落叶、浓雾、闪电、雨雪等效果。本案例将讲解使用"特效"功能制作冬天渐变成夏天的操作方法，效果如图1-131所示。

扫码看视频
实例010

图 1-131

步骤01 打开剪映，在素材添加界面选择一段夏日风景的视频素材添加至剪辑项目中。在时间线区域选中视频素材，点击底部工具栏中的"复制"按钮🗊，在轨道中复制一段一模一样的视频素材，如图1-132和图1-133所示。

图 1-132

图 1-133

步骤02 在时间线区域选中第2段视频素材，点击底部工具栏中的"切画中画"按钮✕，并将其移动至第1段素材的下方，如图1-134和图1-135所示。

图 1-134

图 1-135

步骤03 在时间线区域选中第1段视频素材，点击底部工具栏中的"滤镜"按钮，如图1-136所示，打开滤镜选项栏，在"黑白"选项区中选择"默片"滤镜，并点击按钮保存操作，如图1-137所示。

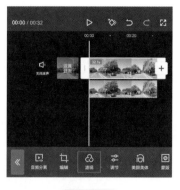

图 1-136

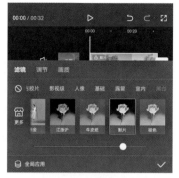

图 1-137

步骤04 在时间线区域选中第2段视频素材，点击底部工具栏中的"不透明度"按钮，如图1-138所示，在底部浮窗中拖动"不透明度"滑块，将数值设置为0%，完成后点击按钮保存操作，如图1-139所示。

步骤05 将时间轴移动至视频的起始位置，点击界面中的按钮，添加一个关键帧，如图1-140所示。

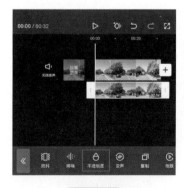

图 1-138

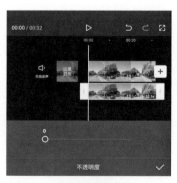

图 1-139

图 1-140

步骤06 将时间轴移动至视频的尾端，点击底部工具栏中的"不透明度"按钮 🔾，如图1-141所示，在底部浮窗中拖动不透明度滑块，将数值设置为100%，并点击按钮 ✓ 保存操作，如图1-142所示。执行操作后剪映将会自动在时间线所在位置再创建一个关键帧，如图1-143所示。

图 1-141　　　　　　　　图 1-142　　　　　　　　图 1-143

步骤07 将时间轴移动至视频的起始位置，点击底部工具栏中的"特效"按钮 ⭐，如图1-144所示。打开特效选项栏，点击其中的"画面特效"按钮 🖼️，如图1-145所示。

图 1-144　　　　　　　　　　　图 1-145

步骤08 打开画面特效选项栏，在"自然"选项区中选择"大雪纷飞"特效，并点击按钮 ✓ 保存操作，如图1-146所示。将时间轴移动至视频中冬季结束的位置，选中特效素材，将其右侧的白色边框向右拖动，使其尾端与时间轴对齐，如图1-147所示。

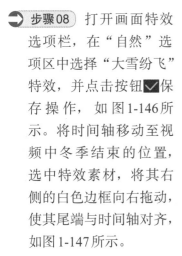

图 1-146　　　　　　　　　　　图 1-147

步骤09 将时间轴移动至视频中冬季和夏季过渡的位置，点击底部工具栏中的"画面特效"按钮![icon]，如图1-148所示。在"自然"选项区中选择"晴天光线"特效，并点击按钮![icon]保存操作，如图1-149所示。在时间线区域选中"晴天光线"的特效素材，将其右侧的白色边框向右拖动，使其尾端与视频的尾端对齐，如图1-150所示。

图 1-148

图 1-149

图 1-150

步骤10 完成所有操作后，再为视频添加一首合适的背景音乐，即可点击界面右上角的"导出"按钮，将视频保存至相册。

 提示

　　在添加特效之后，如果切换到其他轨道进行编辑，特效轨道将被隐藏。如需再次对特效进行编辑，点击底部工具栏中的"特效"按钮![icon]即可。

实例011　混合模式——制作发光字幕

　　混合模式是图像技术处理中的一个技术名词，它的原理是通过不同的方式将不同对象之间的颜色混合以产生新的画面效果。本案例将讲解使用"混合模式"制作发光字幕的操作方法，效果如图1-151所示。

扫码看视频
实例011

图 1-151

步骤01 打开剪映，在素材添加界面选择一段背景视频素材和文字素材添加至剪辑
项目中。在时间线区域选中文字素材，点击底部工具栏中的"切画中画"按钮🔀，
如图1-152所示，将其切换至背景视频素材的下方，再点击底部工具栏中的"混合模
式"按钮🔁，如图1-153所示。

步骤02 打开混合模式选项栏，选择其中的"滤色"效果，并点击按钮✅保存操作，
如图1-154所示。

图 1-152

图 1-153

图 1-154

步骤03 在未选中任何素材的状态下，点击底部工具栏中的"特效"按钮🌟，如图
1-155所示。打开特效选项栏，点击其中的"画面特效"按钮🎬，如图1-156所示。
打开画面特效选项栏，在"光"的选项区中选择"天使光"特效，并点击按钮✅保
存操作，如图1-157所示。

图 1-155

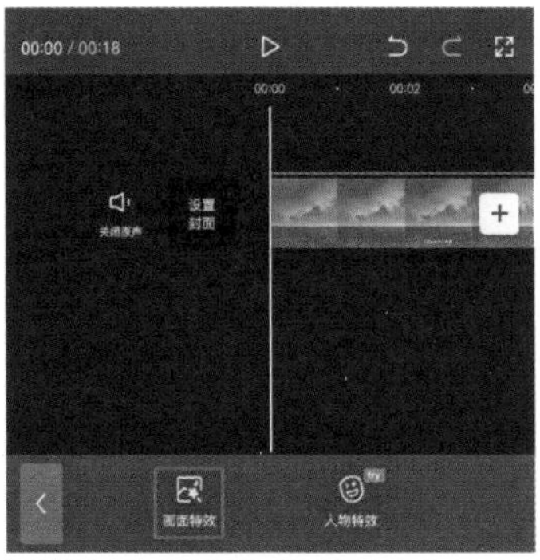

图 1-156

图 1-157

步骤04 在底部工具栏中点击"作用对象"按钮🔶，如图1-158所示，打开选项栏，
选择其中的"画中画"选项，并点击按钮✅保存操作，如图1-159所示。

步骤05 将时间轴移动至文字素材的尾端，选中特效素材，将其右侧的白色边框向
右拖动，使其尾端和文字素材的尾端对齐，如图1-160所示。

图 1-158

图 1-159

图 1-160

 完成所有操作后，即可点击界面右上角的"导出"按钮，将视频保存至相册。

提示

灵活运用混合模式，可以制作出非常有意境的画面，比如一些网站上经常会看到的双重曝光图像，其原理就是在一张图像上连续曝光两次，以制作出画面叠加的效果。

知识导读 混合模式详解

混合模式最为大众所熟知的是在Photoshop中的使用，但它同样适用视频处理工作。剪映为用户提供了多种视频混合模式，读者充分利用这些混合模式，就可以制作出漂亮而自然的视频效果。下面将以图1-161和图1-162所示的视频素材为例，对剪映提供的各种视频混合模式进行介绍和效果演示。

图 1-161

图 1-162

（1）变暗

变暗模式是混合两图层像素的颜色时，对这二者的RGB（即代表红、绿、蓝三个通道的颜色）值分别进行比较，取二者中较低的值，再组合成为混合后的颜色，所以总的颜色灰度降低，造成变暗的效果。应用效果如图1-163所示。

（2）滤色

滤色模式是将图像的基色与混合色结合起来产生比两种颜色都浅的第三种颜色。通过该模式转换后的效果颜色通常很浅，结果色总是较亮的颜色。由于滤色模式的工作原理是保留图像中的亮色，利用这个特点，通常在对丝薄婚纱进行处理时采用滤色模式。同时滤色有提亮作用，可以解决曝光度不足的问题。应用效果如图1-164所示。

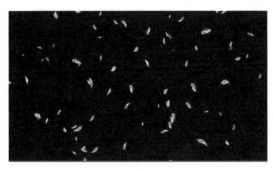

图 1-163

图 1-164

（3）叠加

叠加模式可以根据背景层的颜色，将混合层的像素进行相乘或覆盖，不替换颜色，但是基色与叠加色相混，以反映原色的亮度或暗度。该模式对于中间色调影响较为明显，对于高亮度区域和暗调区域影响不大。应用效果如图1-165所示。

（4）正片叠底

正片叠底模式是将基色与混合色相乘，然后再除以255，便得到了结果色的颜色值，结果色总是比原来的颜色更暗。当任何颜色与黑色进行正片叠底模式操作时，得到的颜色仍为黑色，因为黑色的像素值为0；当任何颜色与白色进行正片叠底模式操作时，颜色保持不变，因为白色的像素值为255。应用效果如图1-166所示。

图 1-165

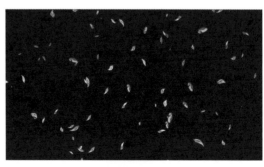

图 1-166

（5）变亮

变亮模式与变暗模式的结果相反。通过比较基色与混合色，把比混合色暗的像素替换，比混合色亮的像素不改变，从而使整个图像产生变亮的效果。应用效果如图1-167所示。

（6）强光

强光模式是正片叠底模式与滤色模式的组合。它可以产生强光照射的效果，根据当前图层颜色的明暗程度来决定最终的效果变亮还是变暗。如果混合色比基色的像素更亮一些，那么结果色更亮；如果混合色比基色的像素更暗一些，那么结果色更暗。这种模式实质上同柔光模式相似，区别在于它的效果要比柔光模式更强烈一些。在强光模式下，当前图层中比50%灰色亮的像素会使图像变亮；比50%灰色暗的像素会使图像变暗，但当前图层中纯黑色和纯白色将保持不变。应用效果如图1-168所示。

图 1-167

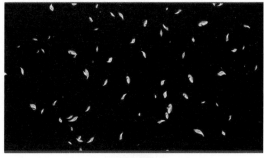

图 1-168

（7）柔光

柔光模式的效果与发散的聚光灯照在图像上相似。该模式根据混合色的明暗来决定图像的最终效果是变亮还是变暗。如果混合色比基色更亮一些，那么结果色将更亮；如果混合色比基色更暗一些，那么结果色将更暗，使图像的亮度反差增大。应用效果如图1-169所示。

（8）线性加深

线性加深模式是通过降低亮度使基色变暗来反映混合色。如果混合色与基色呈白色，混合后将不会发生变化。应用效果如图1-170所示。

图 1-169

图 1-170

（9）颜色加深

颜色加深模式是通过增加对比度使颜色变暗以反映混合色，素材图层相互叠加可以使图像暗部更暗；当混合色为白色时，则不产生变化。应用效果如图1-171所示。

（10）颜色减淡

颜色减淡模式是通过降低对比度使基色变亮，从而反映混合色；当混合色为黑色时，则不产生变化，颜色减淡模式类似于滤色模式的效果。应用效果如图1-172所示。

图 1-171　　　　　　　　　　　　　　图 1-172

实例012　添加蒙版——制作电影感回忆效果

蒙版，又被称为遮罩，它可以遮挡部分画面或显示部分画面，是视频编辑处理时非常实用的一项功能。本案例将讲解使用"蒙版"制作电影感回忆画面的操作方法，效果如图1-173所示。

图 1-173

扫码看视频
实例012

步骤01 打开剪映，在素材添加界面选择一段夕阳下行走的视频和一段回忆视频添加至剪辑项目中。在时间线区域选中回忆视频，点击底部工具栏中的"切画中画"按钮，如图1-174所示，将其切换至行走视频的下方。

图 1-174

步骤02 在预览区域将回忆视频缩小置于画面的左上角，并点击底部工具栏中的"蒙版"按钮，如图1-175所示。在蒙版选项栏中选择圆形蒙版，并在预览区域调整好蒙版的大小和位置，按住羽化按钮 ⌄ 将其向下拖动，使蒙版的边缘变得更加柔和，完成后点击右下角的按钮 ✓ 保存操作，如图1-176所示。

图 1-175

图 1-176

步骤03 在时间线区域选中回忆视频，点击底部工具栏中的"不透明度"按钮◔，如图1-177所示。在底部浮窗中拖动不透明度滑块，将数值设置为0，并点击按钮✓保存操作，如图1-178所示。

步骤04 将时间轴移动至视频的起始位置，点击界面中的按钮◇，添加一个关键帧，如图1-179所示。

图 1-177

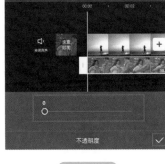

图 1-178

图 1-179

步骤05 将时间轴移动至视频3秒左右的位置，点击底部工具栏中的"不透明度"按钮◔，如图1-180所示，在底部浮窗中拖动不透明度滑块，将数值设置为100%，并点击按钮✓保存操作，如图1-181所示。执行操作后剪映将会自动在时间轴所在位置再创建一个关键帧，如图1-182所示。

图 1-180

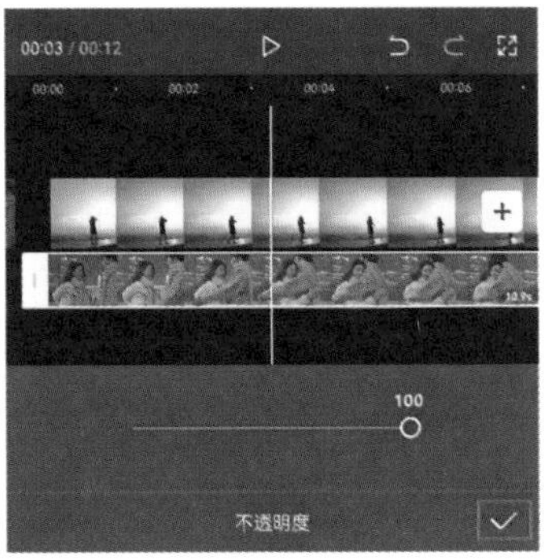

图 1-181

图 1-182

● **步骤06** 完成所有操作后，再为视频添加一首合适的背景音乐，即可点击界面右上角的"导出"按钮，将视频保存至相册。

🕐 提示

　　通过"画中画"功能可以让一个视频在画面中出现多个不同的画面，这是该功能最直接的利用方式。但"画中画"功能更重要的作用在于可以形成多条轨道，利用多条轨道，再结合"蒙版"功能，就可以控制画面局部的显示效果，所以，"画中画"与"蒙版"功能往往是同时使用的。

实例013　智能抠像——合成古装人物行走画面

扫码看视频
实例013

　　"智能抠像"功能可以快速将人物从画面中抠出来，从而进行替换人物背景等操作。本案例将讲解使用"智能抠像"功能合成古装人物行走画面的操作方法，效果如图1-183所示。

图 1-183

步骤01 打开剪映，在素材添加界面选择一段走廊的视频素材，完成选择后点击切换至"素材库"选项，如图1-184所示，在界面顶部的搜索栏中输入关键词"绿幕古装人像"，点击"搜索"按钮，如图1-185所示。在搜索出的人像素材中选择图1-186中的视频素材，完成选择后点击界面右下角的"添加"按钮将其添加至剪辑项目中。

图 1-184

图 1-185

图 1-186

步骤02 进入视频编辑界面，在时间线区域选中绿幕素材，点击底部工具栏中的"切画中画"按钮，并将其移动至背景视频素材的下方，如图1-187和图1-188所示。

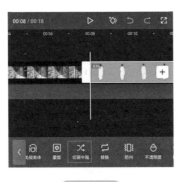

图 1-187

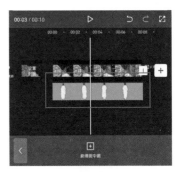

图 1-188

步骤03 在时间线区域选中绿幕素材，点击底部工具栏中的"抠像"按钮🔲，如图1-189所示。打开抠像选项栏，点击其中的"智能抠像"按钮🔲，执行操作后，在预览区域将绿幕素材缩小，使人物位于走廊的正中央，如图1-190所示。

图 1-189

步骤04 完成所有操作后，即可点击界面右上角的"导出"按钮，将视频保存至相册。

提示

"智能抠像"功能并非总像案例中展示的那样，能够近乎完美地抠出画面中的人物。如果希望提高"智能抠像"功能的准确度，建议选择人物与背景具有明显的明暗或者色彩差异的画面，令人物的轮廓更清晰、完整。

图 1-190

实例014　色度抠图——制作穿越手机特效

"色度抠图"功能可以将在绿幕或者蓝幕下的景物快速抠取出来，方便进行视频图像的合成。本案例将讲解使用"色度抠图"功能制作穿越手机特效的操作方法，效果如图1-191所示。

图 1-191

扫码看视频
实例014

步骤01 打开剪映，在素材添加界面选择一段古装人物的视频素材，完成选择后点击切换至"素材库"选项，如图1-192所示。在界面顶部的搜索栏中输入关键词"手机"，点击"搜索"按钮，如图1-193所示。在搜索出的手机素材中选择图1-194中的视频素材，完成选择后点击界面右下角的"添加"按钮将其添加至剪辑项目中。

图 1-192

图 1-193

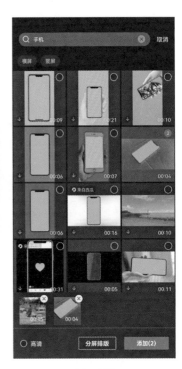

图 1-194

步骤02 进 入 视 频 编辑界面，在时间线区域选中手机素材，点击底部工具栏中的"切画中画"按钮，并将其移动至古装人物视频素材的下方，如图1-195和图1-196所示。

图 1-195

图 1-196

步骤03 在时间线区域选中绿幕素材，点击底部工具栏中的"色度抠图"按钮⬡，如图1-197所示。在预览区域将取色器移动至绿色的画面上，如图1-198所示。在底部浮窗中点击"强度"按钮◉，再拖动白色圆圈滑块，将其数值设置为100，并点击按钮✓保存操作，如图1-199所示。

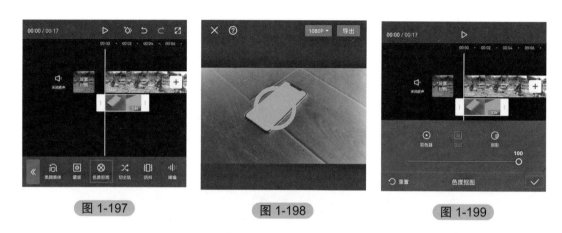

| 图 1-197 | 图 1-198 | 图 1-199 |

步骤04 完成所有操作后，即可点击界面右上角"导出"按钮，将视频保存至相册。

🔔 提示

　　用户在完成抠图、抠像操作后，若是发现画面中有些许绿幕或是蓝幕的颜色残留，可以在剪映的HSL模块中选中绿色元素，然后将其饱和度降到最低，便可将画面中残留的绿色去除。关于HSL功能的应用方法可翻阅本书第3章的内容。

实例015　变速效果——制作动感行车加速效果

　　当录制一些运动中的景物时，如果运动速度过快，那么通过肉眼是无法清楚观察到每一个细节的。此时可以使用"变速"功能来降低画面中景物的运动速度，形成慢动作效果，从而令每一个瞬间都能清楚呈现。而对于一些变化太过缓慢，或者单调、乏味的画面，则可以通过"变速"功能适当提高播放速度，形成快动作效果，从而缩短画面的时间，让视频更生动。

　　此外，通过曲线变速功能，还可以让画面的快慢变化有一定的节奏感，从而大幅度提高观看体验。本案例将讲解使用"曲线变速"功能制作动感行车加速效果的操作方法，效果如图1-200所示。

扫码看视频
实例015

图 1-200

步骤01 打开剪映，在素材添加界面选择一段行车视频添加至剪辑项目中。在时间线区域选中视频素材，点击底部工具栏中的"变速"按钮，如图1-201所示。打开变速选项栏，点击其中的"曲线变速"按钮，如图1-202所示。

图 1-201

图 1-202

步骤02 在打开的曲线变速选项栏中点击"自定"选项，如图1-203所示，在该图标变为红色后，再次点击图标中的"点击编辑"按钮，如图1-204所示。

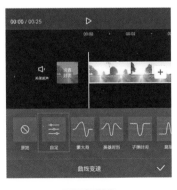

图 1-203

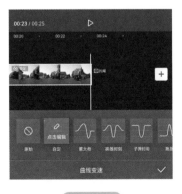

图 1-204

步骤03 打开曲线编辑
面板，将面板中的第2
个锚点向上拖动，如图
1-205所示。再参照上述
操作方法将余下3个锚
点以阶梯的样式向上拖
动，执行操作后，点击
右下角的按钮☑保存操
作，如图1-206所示。

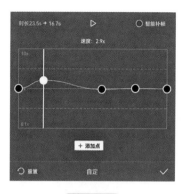

图 1-205

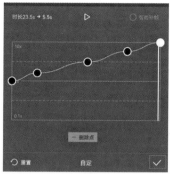

图 1-206

步骤04 将时间轴移动
至视频的起始位置，在
未选中任何素材的状态
下，点击底部工具栏中
的"音频"按钮♪，如
图1-207所示。打开音
频选项栏，点击其中的
"音效"按钮✿，如图
1-208所示。

图 1-207

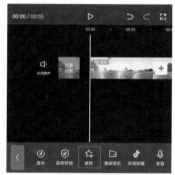

图 1-208

步骤05 打开音效选项
栏，在搜索框中输入关
键词"跑车加速声"，点
击"搜索"按钮，如图
1-209所示。在搜索出的
音效选项中选择图1-210
中的音效，点击"使用"
按钮，将其添加至剪辑
项目中。

图 1-209

图 1-210

完成所有操作后，即可点击界面右上角的"导出"按钮，将视频保存至相册。

提示

上述案例演示的是制作持续加速效果，如若用户需要制作持续减速效果，则可以将第1个锚点拖动至最高点，然后再将剩余锚点以阶梯的形式向下拖动。此外，若是让锚点在高位和低位交替出现，则画面将会在快动作与慢动作之间不断变化。

实例016 抖音玩法——一键制作抖音热门特效

扫码看视频
实例016

剪映中的抖音玩法里集合了抖音平台当下比较潮流的一些玩法，如立体相册、性别反转、3D运镜等，用户只需导入素材，即可一键应用效果，生成视频。本案例将讲解使用"抖音玩法"功能制作3D运镜电子相册的操作方法，效果如图1-211所示。

图 1-211

步骤01 打开剪映，在素材添加界面选择9张写真照片添加至剪辑项目中。在时间线区域选中第1段素材，点击底部工具栏中的"抖音玩法"按钮，如图1-212所示，在效果选项栏中选择"3D运镜"，并点击右下角的按钮保存操作，如图1-213所示。

图 1-212

图 1-213

步骤02 参照步骤02的操作方法，为余下8段素材添加"3D运镜"效果。在时间线区域选中第1段素材，将其右侧的白色边框向左拖动，使片段长度缩短至1.5s，如图1-214所示。参照上述操作方法，将余下素材的长度均缩短至1.5s，如图1-215所示。

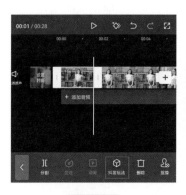

图 1-214

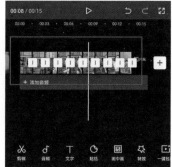

图 1-215

步骤03 完成所有操作后，再为视频添加一首合适的背景音乐，即可点击界面右上角的"导出"按钮，将视频保存至相册。

提示

"抖音玩法"目前只能在手机版剪映中使用，电脑版剪映暂时还没有这项功能。且"抖音玩法"中的多数效果只能应用于图像素材，只有丝滑变速、魔法变身等少量效果可以应用于视频素材。

实例017　画面定格——制作漫画人物出场效果

剪映中的"定格"功能可以帮助用户将一段视频素材中的某一帧画面提取出来，使其成为一段可以单独进行处理的图像素材。本案例将讲解使用"定格"功能制作漫画人物出场效果的操作方法,效果如图1-216所示。

扫码看视频
实例017

图 1-216

步骤01 打开剪映,在素材添加界面选择一段人物回头的视频素材添加至剪辑项目中。将时间轴移动至视频中人物回头的位置,在时间线区域选中视频素材,点击底部工具栏中的"定格"按钮,如图1-217所示,轨道中将生成一段定格片段。

步骤02 在时间线区域选中衔接在定格片段后的素材,点击底部工具栏中的"删除"按钮,将该段素材删除,如图1-218所示。

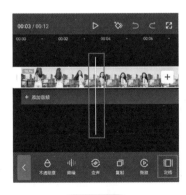

图 1-217　　　　　图 1-218

步骤03 将时间轴移动至定格片段的起始位置，在未选中任何素材的状态下点击底部工具栏中的"画中画"按钮，再点击"新增画中画"按钮，如图1-219和图1-220所示。

图 1-219　　　　图 1-220

步骤04 进入素材添加界面选择一段红色的背景视频素材添加至剪辑项目中，并在预览区域调整好素材的大小，使其将画面全部覆盖，执行操作后点击底部工具栏中的"混合模式"按钮，如图1-221所示。在效果选项栏中选择"变暗"效果，并点击按钮保存操作，如图1-222所示。

图 1-221　　　　图 1-222

步骤05 在时间线区域选中定格素材，点击底部工具栏中的"复制"按钮，在轨道中复制一段一模一样的素材，如图1-223和图1-224所示。

图 1-223　　　　图 1-224

步骤06 在时间线区域选中复制出的素材，点击底部工具栏中的"切画中画"按钮 ⚡，并将其移动至定格素材的下方，如图1-225和图1-226所示。

图 1-225

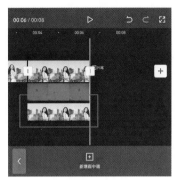

图 1-226

步骤07 在底部工具栏中点击"抠像"按钮 ⚏，如图1-227所示。打开抠像选项栏，点击其中的"智能抠像"按钮 ⚏，如图1-228所示。

图 1-227

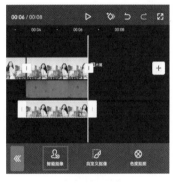

图 1-228

步骤08 在时间线区域选中复制出的素材，点击底部工具栏中的"抖音玩法"按钮 ⬡，在效果选项栏中选择"漫画写真"效果，并点击右下角的按钮 ✓ 保存操作，如图1-229和图1-230所示。

图 1-229

图 1-230

步骤09 将时间轴移动至定格素材的起始位置，参照步骤03的操作方法导入文字素材，在预览区域调整好素材的大小，使其将画面全部覆盖，执行操作后点击底部工具栏中的"混合模式"按钮，如图1-231所示。在效果选项栏中选择"滤色"效果，并点击按钮保存操作，如图1-232所示。

图1-231

图1-232

步骤10 完成所有操作后，再为视频添加一首合适的背景音乐，即可点击界面右上角的"导出"按钮，将视频保存至相册。

提示

"定格"功能不仅可以将一段动态视频中的某个画面凝固下来，从而起到突出某个瞬间的作用。而且，如果一段视频中多次出现定格画面，并且出现的时间点与音乐节拍相匹配，就可以让视频具有律动感。

为了让视频的信息更加丰富，让重点更加突出，很多视频都会添加一些文字，比如视频的标题、人物的台词、关键词、歌词等。除此之外，为文字增加些动画或特效，并将其安排在恰当的位置，还能令视频画面更具美感。本章将介绍一些短视频中常用的字幕效果，帮助大家做出图文并茂的短视频。

实例018　文字消散——文字粒子消散效果

扫码看视频
实例018

在很多视频或者电影、电视剧的片头字幕中，都会出现有文字散成飞沙、粉尘的画面，这种效果一般称为文字粒子消散效果。本案例将介绍文字粒子消散效果的具体制作方法，效果如图2-1所示。

图 2-1

步骤01 打开剪映，在素材添加界面选择一段背景视频素材添加至剪辑项目中。在未选中任何素材的状态下点击底部工具栏中的"文字"按钮**T**，如图2-2所示。打开文字选项栏，点击其中的"新建文本"按钮**A+**，如图2-3所示。

图 2-2

图 2-3

步骤02 在文本框中输入需要添加的文字内容，并在字体选项栏中选择"蝉影隶书"字体，如图2-4和图2-5所示。

图 2-4

图 2-5

步骤03 点击切换至"动画"选项栏，在"出场动画"选项中选择"羽化向右擦除"效果，并将动画时长设置为3.0s，完成后点击按钮**✓**保存操作，如图2-6所示。

步骤04 将时间轴移动至视频的起始位置，在未选中任何素材的状态下点击底部工具栏中的"画中画"按钮**▣**，如图2-7所示。

图 2-6

图 2-7

⊃ 步骤05　点击底部工具栏中的"新增画中画"按钮▣，如图2-8所示。打开手机相册，导入粒子素材，完成后点击底部工具栏中的"混合模式"按钮▣，如图2-9所示。

图2-8

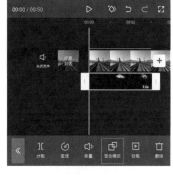

图2-9

⊃ 步骤06　打开"混合模式"选项栏，选择"滤色"效果，并点击按钮☑保存操作，如图2-10所示。在预览区域将粒子素材放大，并将其移动至合适的位置，使其将文字覆盖，如图2-11所示。

图2-10

⊃ 步骤07　完成所有操作后，即可点击界面右上角的"导出"按钮，将视频保存至相册。

图2-11

提示

　　为文字添加动画效果时，应该根据视频的风格和内容来选择，比如在上述案例中，因为需要文字随粒子素材飘散，所以就使用了出场动画中的"羽化向右擦除"效果，从而使文字消失的轨迹和粒子素材飘散的轨迹重合，营造一种文字随风飘散的效果。如果选择的文字动画效果与视频内容不相符，则很可能让观众的注意力难以集中在视频本身。

实例019　镂空文字——高级感片头镂空文字

　　镂空文字，顾名思义就是指画面中的文字是镂空的，从而可以让观众透过文字看到动态的视频画面，效果如图2-12所示，本案例将介绍该字幕的具体制作方法。

扫码看视频
实例019

图 2-12

🔘 **步骤01** 打开剪映，在素材添加界面点击切换至"素材库"选项，并在其中选择黑场视频素材，点击"添加"按钮将其添加至剪辑项目中。

🔘 **步骤02** 进入视频编辑界面后，点击底部工具栏中的"文字"按钮🅣，如图2-13所示。打开文字选项栏，点击其中的"新建文本"按钮🄰₊，如图2-14所示。

图 2-13

图 2-14

步骤03 在文本框中输入需要添加的文字内容，点击切换至"样式"选项栏，将字号的数值设置为39，如图2-15和图2-16所示。

图 2-15　　　图 2-16

步骤04 将时间轴移动至视频的起始位置，选中文字素材，点击界面中的按钮，添加一个关键帧，如图2-17所示。

步骤05 将时间轴移动至视频的尾端，在预览区域双指背向滑动，将画面放大，直至画面被白色所覆盖，此时剪映会自动在时间轴所在位置再创建一个关键帧，如图2-18所示。执行操作后将视频导出至相册。

图 2-17　　　图 2-18

步骤06 打开剪映，在素材添加界面选择一段背景视频素材添加至剪辑项目中。在未选中任何素材的状态下，点击底部工具栏中的"画中画"按钮，再点击"新增画中画"按钮，如图2-19和图2-20所示。

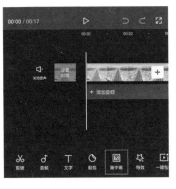
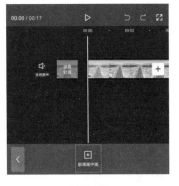

图 2-19　　　图 2-20

步骤07 打开手机相册，将刚刚导出的文字素材添加至剪辑项目中，点击底部工具栏中的"混合模式"按钮，如图2-21所示，选择"变暗"效果，并在预览区域调整好文字素材的大小，使其将画面全部覆盖，执行操作后点击按钮保存操作，如图2-22所示。

图 2-21

图 2-22

步骤08 将时间轴移动至视频的起始位置，在未选中任何素材的状态下，点击底部工具栏中的"音频"按钮，如图2-23所示。打开音频选项栏，点击其中的"音效"按钮，如图2-24所示。

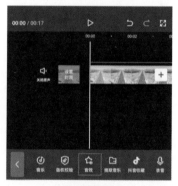

图 2-23

图 2-24

步骤09 打开音效选项栏，在搜索框中输入关键词"穿梭音效转场"，点击"搜索"按钮，如图2-25所示。在搜索出的转场音效中选择图2-26中的音效，点击"使用"按钮将其添加至剪辑项目中。

图 2-25

图 2-26

步骤10 完成所有操作后，即可点击界面右上角的"导出"按钮，将视频保存至相册。

图 2-27

**贴纸的运用**

"贴纸"功能是如今许多短视频编辑类软件中都具备的一项特殊功能，通过在视频画面上添加动画贴纸，不仅可以起到较好的遮挡作用（类似于马赛克），还能让视频画面看上去更加酷炫。

在剪映的剪辑项目中添加了视频或图像素材后，在未选中素材的状态下，点击底部工具栏中的"贴纸"按钮◐，在打开的贴纸选项栏中可以看到几十种不同类别的贴纸素材，并且贴纸的内容还在不断更新中，如图2-27和图2-28所示。

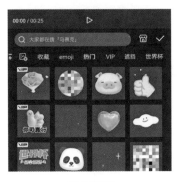

图 2-28

实例020　综艺花字——精彩有趣的解说字幕

在观看综艺节目时，经常可以看到跟随情节跳出的彩色花字，这些字幕总是恰到好处地活跃了节目的气氛。剪映中也为用户提供了许多不同样式的花字效果，学会合理地利用这些花字，可以让视频呈现更好的视觉效果。本案例将介绍综艺花字的具体使用方法，效果如图2-29所示。

扫码看视频
实例020

图 2-29

步骤01 打开剪映，在素材添加界面选择一段背景视频素材添加至剪辑项目中。在未选中任何素材的状态下点击底部工具栏中的"文字"按钮 T，如图2-30所示。打开文字选项栏，点击其中的"新建文本"按钮 A+，如图2-31所示。

图 2-30

图 2-31

步骤02 在文本框中输入需要添加的文字内容，并点击切换至"花字"选项栏，选择图2-32中的花字样式，在预览区域调整好文字的大小和位置，点击按钮 ✓ 保存操作，再点击底部工具栏中的返回按钮 《，如图2-33所示。

图 2-32

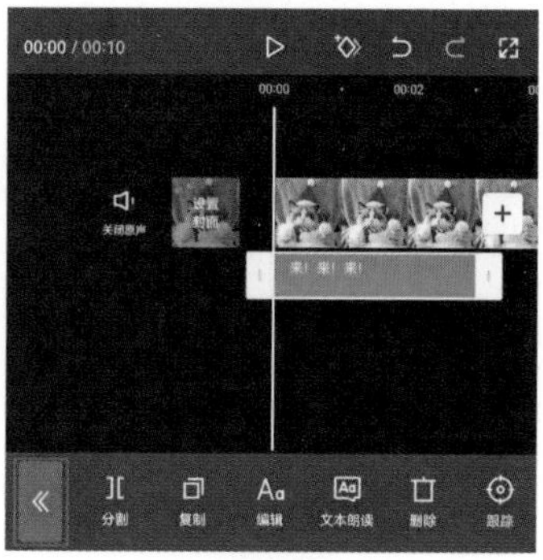

图 2-33

步骤03 点击底部工具栏中的"添加贴纸"按钮，如图2-34所示。打开贴纸选项栏，在搜索框中输入相应的关键词，点击"搜索"按钮，如图2-35所示。

图 2-34

图 2-35

图 2-36

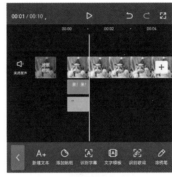

图 2-37

图 2-38

步骤04 在搜索出的贴纸选项中选择图2-36中的贴纸，并在预览区域中调整好贴纸的大小和位置。

步骤05 将时间轴移动至希望文字素材和贴纸素材消失的位置，在时间线区域调整好字幕轨道和贴纸轨道的长度，如图2-37所示。

步骤06 参照步骤01至步骤05的操作方法，根据视频的画面内容为视频添加其他的字幕和贴纸，如图2-38所示。

步骤07 完成所有操作后，即可点击界面右上角的"导出"按钮，将视频保存至相册。

提示

使用剪映的"贴纸"功能，不需要用户掌握很高超的后期剪辑技巧，只需要用户具备丰富的想象力，同时加上巧妙的贴纸组合，以及对各种贴纸的大小、位置和动画效果等进行适当调整，即可瞬间给普通的视频增添更多生机。

知识导读 剪映的字幕模板

平时在刷短视频时，很多用户应该都会在视频中看到一些很有意思的字幕，比如一些小贴士、小标签等，这些字幕可以在恰当的时刻很好地活跃视频的气氛，吸引观众，为视频画面大大增色。这些字幕在剪映中，可以利用"字幕模板"一键添加，你知道吗？

在剪辑项目中导入视频素材后，点击底部工具栏中的"文字"按钮 T，如图 2-39 所示。打开文字选项栏，点击其中的"文字模板"按钮 A，如图 2-40 所示。

图 2-39

图 2-40

打开文字模板选项栏，可以看到里面有热门、带货、情绪、综艺感、旅行等不同类别的文字模板，如图 2-41 所示。用户可以根据自己的实际需求进行选择，在选项栏中点击任意一款模板即可将其添加至画面中，在预览区域还可以调整文字的大小和位置，如图 2-42 所示。

图 2-41

图 2-42

实例021 片尾字幕——电影感片尾滚动字幕

电影、连续剧等影视作品片尾，都会在播放片尾曲时，出现向上滚动的字幕，显示演员表、导演、编剧等信息，这种片尾滚动字幕在剪映中也能制作，本案例将介绍具体的制作方法，效果如图 2-43 所示。

扫码看视频
实例021

图 2-43

步骤01 打开剪映，在素材添加界面点击切换至"素材库"选项，并在其中选择黑场视频素材，点击"添加"按钮将其添加至剪辑项目中。

步骤02 进入视频编辑界面后，点击底部工具栏中的"文字"按钮 T，如图2-44所示。打开文字选项栏，点击其中的"新建文本"按钮 A+，如图2-45所示。

图 2-44

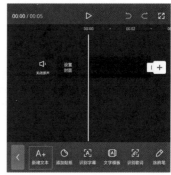

图 2-45

步骤03 在文本框中输入需要添加的文字内容，点击切换至"样式"选项栏，将字号的数值设置为3，如图2-46和图2-47所示。

图 2-46

图 2-47

步骤04 点击"排列"选项，将字间距的数值设置为2，行间距的数值设置为10，并在预览区域将文字素材移动至画面的右侧，点击按钮✓保存操作，如图2-48所示。

步骤05 在时间线区域将文字素材和黑场素材延长至27.9s，如图2-49所示。完成上述操作后，点击界面右上角的"导出"按钮将视频保存至相册。

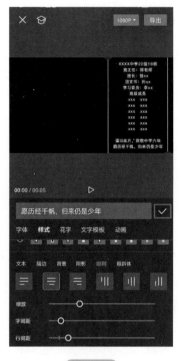

图 2-48

图 2-49

步骤06 打开剪映，在素材添加界面选择一段背景视频素材添加至剪辑项目中。将时间轴移动至视频的起始位置，选中视频素材，点击界面中的按钮◇，添加一个关键帧，如图2-50所示。

步骤07 将时间轴移动至视频的4s处，在预览区域双指背向滑动，将画面放大，此时剪映会自动在时间轴所在位置创建一个关键帧，如图2-51所示。

步骤08 将时间轴移动至视频的6s处，在预览区域将视频素材移动至画面的左侧，剪映即会再次自动在时间轴所在的位置创建一个关键帧，如图2-52所示。

图 2-50

图 2-51

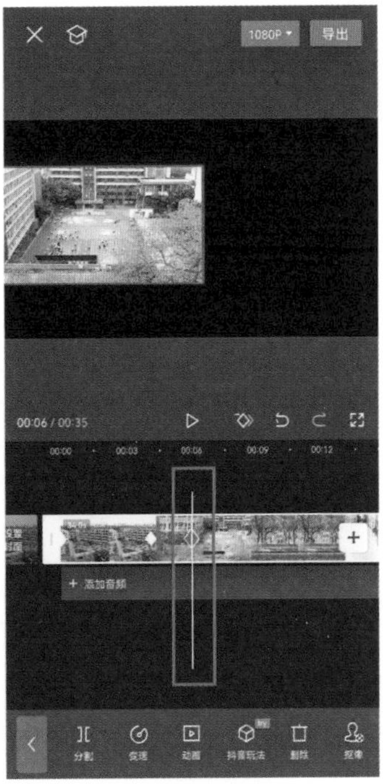

图 2-52

步骤09 将时间轴移动至视频的6s处，在未选中任何素材的状态下，点击底部工具栏中的"画中画"按钮▣，再点击"新增画中画"按钮⊞，如图2-53和图2-54所示。

图 2-53

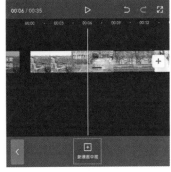

图 2-54

步骤10 打开手机相册，将刚刚导出的文字素材添加至剪辑项目中，点击底部工具栏中的"混合模式"按钮⊡，如图2-55所示。选择"滤色"效果，点击按钮☑保存操作，如图2-56所示。

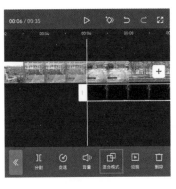

图 2-55

图 2-56

步骤11 将时间轴移动
至文字素材的起始位置，
在预览区域将文字素材
移动至画面的最下方，
点击界面中的按钮 ◇，
添加一个关键帧，如图
2-57所示。

步骤12 将时间轴移动
至文字素材的尾端，在
预览区域将文字素材移
动至画面的最上方，此
时剪映会自动在时间轴
所在位置再创建一个关
键帧，如图2-58所示。

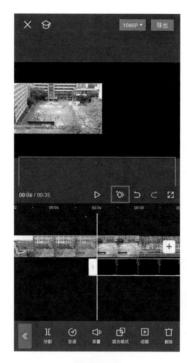

图 2-57

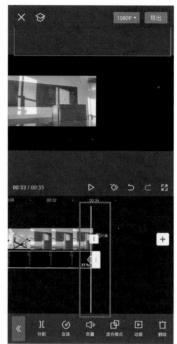

图 2-58

步骤13 完成所有操作后，即可点击界面右上角的"导出"按钮，将视频保存至
相册。

提示

　　字幕滚动效果不仅可以使用"关键帧"功能制作，也可以通过添加循环动画中
的"字幕滚动"效果来制作。但需要注意的是，循环动画无须设置动画时长，只要
添加这种类型的动画效果，就会自动应用到所选的全部片段中；同时，用户还可以
通过调整循环动画的快慢，来改变动画播放效果。

实例022　倒影字幕——海上文字倒影效果

　　"倒影"是光照射在平静的水面上所成的等大虚像，其成像原理遵循光的反射定律。
在剪映中可以制作出非常好看的倒影字幕，效果如图2-59所示，本案例将介绍该字幕的
具体制作方法。

扫码看视频
实例022

图 2-59

步骤01 打开剪映，在素材添加界面点击切换至"素材库"选项，并在其中选择黑场视频素材，点击"添加"按钮将其添加至剪辑项目中。

步骤02 进入视频编辑界面后，点击底部工具栏中的"文字"按钮T，如图2-60所示。打开文字选项栏，点击其中的"新建文本"按钮A+，如图2-61所示。

图 2-60

图 2-61

步骤03 在文本框中输入需要添加的文字内容，并在字体选项栏中选择"经典雅黑"字体，如图2-62和图2-63所示。

图 2-62

图 2-63

步骤04 点击切换至"花字"选项栏，选择图2-64中的样式，点击按钮☑保存操作。在时间线区域将黑场素材和文字素材延长至5s，如图2-65所示。完成所有操作后，点击界面右上角的"导出"按钮将视频保存至相册。

图 2-64

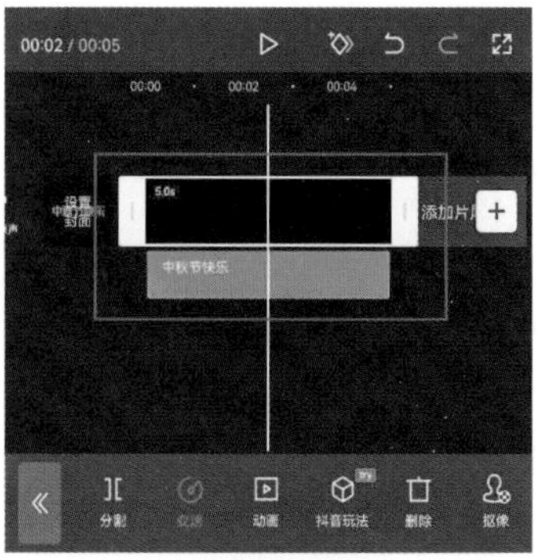

图 2-65

步骤05 打开剪映，在素材添加界面选择一段背景视频素材添加至剪辑项目中。在未选中任何素材的状态下点击底部工具栏中的"画中画"按钮◻，再点击"新增画中画"按钮⊞，如图2-66和图2-67所示。

图 2-66

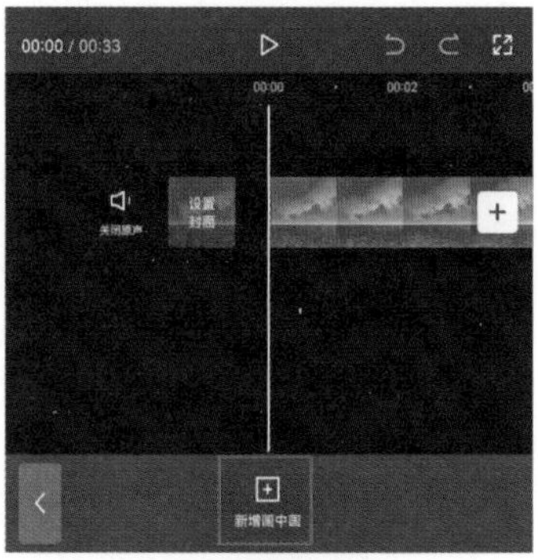

图 2-67

步骤06 打开手机相册，将刚刚导出的文字素材添加至剪辑项目中，点击底部工具栏中的"混合模式"按钮◻，如图2-68所示，选择"变亮"效果，并在预览区域将文字素材移动至视频画面中的水平线上，点击按钮☑保存操作，如图2-69所示。

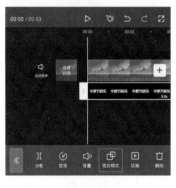

图 2-68

图 2-69

步骤07 在时间线区域选中文字素材,点击底部工具栏中的"复制"按钮 ⬜,如图2-70所示,在轨道中复制出一段一模一样的素材,并将其移动至原素材的下方,点击底部工具栏中的"编辑"按钮 ⬜,如图2-71所示。

图 2-70   图 2-71

步骤08 打开编辑选项栏,点击其中的"镜像"按钮 ⬜,如图2-72所示,再连续点击两次"旋转"按钮 ⬜,并在预览区域将复制出的文字素材移动至原素材的下方,再点击底部工具栏中的返回按钮 ⟪,如图2-73所示。

图 2-72   图 2-73

步骤09 在底部工具栏中点击"不透明度"按钮 ⬜,如图2-74所示,再在底部浮窗中滑动不透明度滑块,将数值设置为36,如图2-75所示。

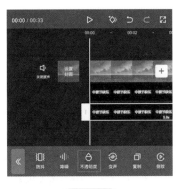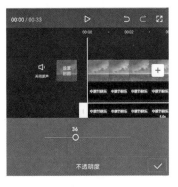

图 2-74   图 2-75

步骤10 完成所有操作后，即可点击界面右上角的"导出"按钮，将视频保存至相册所示。

提示

制作倒影字幕时最好是选择水面、镜面等素材作为背景，这样能够最大限度地体现倒影字幕的效果。

实例023　打字机效果——春日漫游片头

平视在刷短视频时，可以看到很多视频的标题都是通过打字效果进行展示的。这种效果的关键在于文字入场动画与音效的配合。本案例将介绍打字效果的具体制作方法，效果如图2-76所示。

扫码看视频
实例023

图 2-76

步骤01 打开剪映，在素材添加界面选择一段背景视频素材添加至剪辑项目中。点击底部工具栏中的"文字"按钮 **T**，如图2-77所示。打开文字选项栏，点击其中的"新建文本"按钮 **A+**，如图2-78所示。

图 2-77

图 2-78

步骤02 在文本框中输入需要添加的文字内容，并在字体选项栏中选择"幽悠然"字体，如图2-79和图2-80所示。

图 2-79

图 2-80

步骤03 点击切换至"样式"选项栏，将字号的数值设置为8，如图2-81所示。点击"排列"选项，选择靠左对齐的排列方式，将行间距的数值设置为6，并在预览区域将文字素材移动至画面的左上角，如图2-82所示。

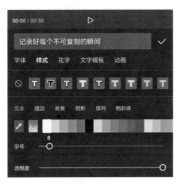

图 2-81

步骤04 将时间轴移动至视频中第1个场景消失的位置，选中文字素材，将其右侧的白色边框向右拖动，使其尾端与时间轴对齐，执行操作后点击底部工具栏中的"编辑"按钮，如图2-83所示。

图 2-82

步骤05 点击切换至"动画"选项栏，在"入场"选项中选择"打字机Ⅰ"效果，拖动动画时长滑块，将其数值设置为5s，完成后点击按钮保存操作，如图2-84所示。

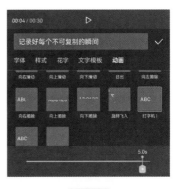

图 2-83

图 2-84

步骤06 将时间轴移动至视频的起始位置，在未选中任何素材的状态下，点击底部工具栏中的"音频"按钮♪，如图2-85所示。打开音频选项栏，点击其中的"音效"按钮✿，如图2-86所示。

图2-85

图2-86

步骤07 打开音效选项栏，在搜索框中输入"打字音效"，点击"搜索"按钮，如图2-87所示。在搜索出的转场音效中选择图2-88中的音效，点击"使用"按钮将其添加至剪辑项目中。

图2-87

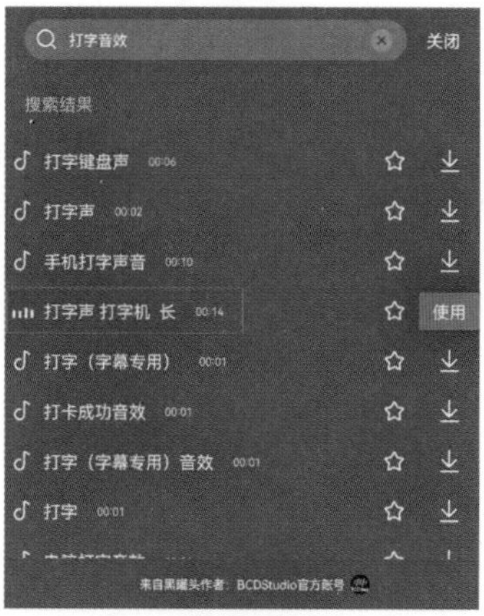

图2-88

步骤08 将时间轴移动至打字动画效果结束的位置，选中音效素材，点击底部工具栏中的"分割"按钮∥，再点击"删除"按钮🗑，如图2-89和图2-90所示，将多余的音效素材删除。

图2-89

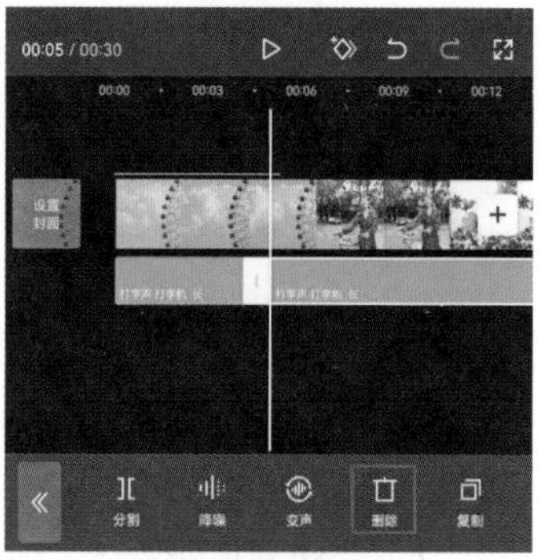

图2-90

步骤09 完成所有操作后，即可点击界面右上角的"导出"按钮，将视频保存至相册。

提示

制作打字动画效果的关键在于需要让打字音效与文字出现的时机相匹配，所以在添加音效之后，需要反复进行试听，然后再适当调整动画时长。

实例024　KTV字幕——卡拉OK字幕效果

使用剪映的"卡拉OK"文本动画，可以制作出像真实卡拉OK中一样的字幕效果，歌词字幕会根据音乐节奏一个字接着一个字慢慢变换颜色。本案例将介绍该字幕的具体制作方法，效果如图2-91所示。

扫码看视频
实例024

图 2-91

步骤01 打开剪映，在素材添加界面选择一段背景视频素材添加至剪辑项目中。点击底部工具栏中的"文字"按钮 **T**，如图2-92所示。打开文字选项栏，点击其中的"识别歌词"按钮 ，如图2-93所示。

图 2-92

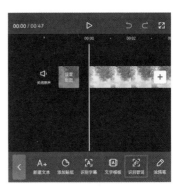

图 2-93

步骤02 在底部浮窗中点击"开始匹配"按钮，如图2-94所示。等待片刻，识别完成后，时间线区域将自动生成歌词字幕，在时间线区域选中任意一段字幕素材，在底部工具栏中点击"编辑"按钮 **Aa**，如图2-95所示。

图 2-94

图 2-95

步骤03 在字体选项栏中选择"雅酷黑简"字体，如图2-96所示。点击切换至样式选项栏，将字号的数值设置为5，如图2-97所示。

图 2-96

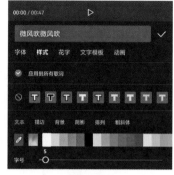

图 2-97

步骤04 点击"排列"选项，将字间距的数值设置为2，如图2-98所示。点击切换至"动画"选项栏，选择"入场"中的"卡拉OK"效果，将动画时长滑块拉动至最大值，并将颜色设置为黄绿色，完成后点击按钮☑保存操作，如图2-99所示。

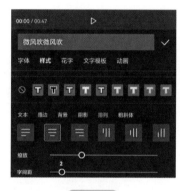

图 2-98

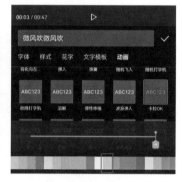

图 2-99

步骤05 完成所有操作后，即可点击界面右上角的"导出"按钮，将视频保存至相册。

提示

在识别歌词时，受演唱时的发音影响，很容易造成字幕出错。因此在完成歌词的自动识别工作后，一定要检查一遍，及时地对错误的文字内容进行修改。

知识导读 将文字转换为语音

想必大家在刷抖音时总是会听到一些很有意思的声音，尤其是一些搞笑类的视频。有些人以为这些声音是视频进行配音后再做变声处理而得到的，其实没有那么麻烦，只需要利用"文本朗读"功能就可以轻松实现。

在剪辑项目中添加文字素材后，选中文字素材，点击底部工具栏中的"文本朗读"
按钮，如图2-100所示。在底部浮窗中可以看到有特色方言、趣味歌唱、萌趣动漫等
不同选项，每个选项的选项栏中都有不同的声音效果，如图2-101所示。

图2-100   图2-101

用户可以根据实际需求选择合适的声音效果，当用户点击某个声音效果时，即可
进行试听，如图2-102所示。试听完毕，点击右下角的按钮✓，即可在时间线区域自动
生成语音，如图2-103所示。

图2-102   图2-103

⏰ 提示

　　生成的音频素材在时间线区域会以绿色线条的形式呈现，若要显示音频轨道，
需在底部工具栏中点击"音频"按钮♪，切换至音频模块。

实例025　文字飞入——治愈风音乐短片

平时在刷短视频时可以看到一些短视频的字幕是随机飞入的，这种字幕看起来很俏
皮，也很生动，而且这种字幕在剪映当中也可以制作。本案例将介绍该字幕的具体制作
方法，效果如图2-104所示。

剪映热门短视频剪辑实战
爆款字幕+调色技巧+卡点效果+合成特效+创意转场+影视特效

扫码看视频
实例025

图 2-104

🔁 **步骤01** 打开剪映，在素材添加界面选择一段夕阳的视频素材添加至剪辑项目中。点击底部工具栏中的"音频"按钮♪，如图 2-105 所示。打开音频选项栏，点击其中的"音乐"按钮♪，如图 2-106 所示。

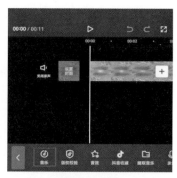

图 2-105

图 2-106

🔁 **步骤02** 进入剪映音乐素材库，点击"抖音"选项，如图 2-107 所示，在抖音音乐列表中选择图 2-108 中的音乐将其添加至剪辑项目中。

图 2-107

图 2-108

步骤03 在未选中任何素材的状态下，点击底部工具栏中的"文字"按钮 T，如图2-109所示。打开文字选项栏，点击其中的"识别歌词"按钮 ，如图2-110所示。

图 2-109　　　　图 2-110

步骤04 在底部浮窗中点击"开始匹配"按钮，如图2-111所示。等待片刻，识别完成后，时间线区域将自动生成歌词字幕，在时间线区域选中任意一段字幕素材，在底部工具栏中点击"编辑"按钮 Aa，如图2-112所示。

图 2-111　　　　图 2-112

步骤05 在编辑选项栏中点击切换至"花字"选项，在花字选项栏中选择图2-113中的样式。

步骤06 点击切换至"动画"选项栏，在"入场"选项中选择"飞入"效果，并将动画时长设置为2.0s，如图2-114所示。

步骤07 完成所有操作后，即可点击界面右上角的"导出"按钮，将视频保存至相册。

图 2-113　　　　图 2-114

实例026　渐显字幕——古诗词朗诵视频

在一些古诗词朗诵视频中，字幕会随着朗诵者的声音逐渐出现，这种视频通过音频和字幕的配合，增强了视频主题的表达能力，可以让观众更容易理解和记忆，从而吸引更多观众。本案例将介绍该字幕的具体制作方法，效果如图2-115所示。

扫码看视频
实例026

图 2-115

步骤01　打开剪映，在素材添加界面选择一段背景视频素材添加至剪辑项目中。点击底部工具栏中的"文字"按钮 **T**，如图2-116所示。打开文字选项栏，点击其中的"识别字幕"按钮 **A**，如图2-117所示。

图 2-116

图 2-117

步骤02 再在底部浮窗中点击"开始匹配"按钮，如图2-118所示。等待片刻，识别完成后，将在时间线区域自动生成歌词字幕，在时间线区域选中第1段字幕素材，点击底部工具栏中的"编辑"按钮Aa，如图2-119所示。

图 2-118

图 2-119

步骤03 打开"字体"选项栏，选择"书法"类别中的"刘炳森"字体，如图2-120所示。点击切换至样式选项栏，选择黑底白边的样式，字号的数值设置为6，如图2-121所示。

图 2-120

图 2-121

步骤04 在样式选项栏中点击"排列"选项，选择竖排，并将字间距的数值设置为2，如图2-122所示；取消选择"应用到所有字幕"选项，并点击按钮☑保存操作，如图2-123所示。

图 2-122

图 2-123

步骤05 在不改变起始时间点的情况下，在时间线区域，分别将第2～5段文字素材向下拖动，使它们各自分布在独立的轨道中，如图2-124所示。

图 2-124

步骤06 完成上述操作后，在时间线区域调整文字素材的持续时长，使它们的尾部和视频素材的尾部对齐，并依次选择第1～5段文字素材，在预览区域对文字素材的位置进行调整，如图2-125所示。

图 2-125

步骤07 在时间线区域选中第1段文字素材，点击底部工具栏中的"动画"按钮，如图2-126所示。打开动画选项栏，选择"入场"中的"向下擦除"效果，并将动画时长设置为1.7s，完成后点击按钮保存操作，如图2-127所示。

图 2-126

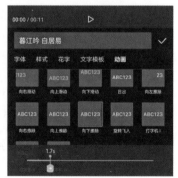

图 2-127

步骤08 参照步骤07的操作方法，为余下4段文字素材添加"向下擦除"的动画效果。完成所有操作后，即可点击界面右上角的"导出"按钮，将视频保存至相册。

提示

如果视频草稿中本身存在字幕轨道，在"识别字幕"选项中勾选"同时清空已有字幕"选项，可以快速清除原来的字幕轨道。

实例027　流光字幕——新年倒计时

在一些企业宣传片或是节日祝福视频和倒计时视频中，经常可以看到一种流光动态的字幕，这种字幕非常华丽，具有金属质感，能给人一种高端大气的感觉。本案例将介绍流光字幕的具体制作方法，效果如图2-128所示。

扫码看视频
实例027

图 2-128

步骤01　打开剪映，在素材添加界面点击切换至"素材库"选项，并在其中选择黑场视频素材，点击"添加"按钮将其添加至剪辑项目中。

步骤02　进入视频编辑界面后，点击底部工具栏中的"文字"按钮**T**，如图2-129所示。打开文字选项栏，点击其中的"新建文本"按钮**A+**，如图2-130所示。

图 2-129

图 2-130

步骤03 在文本框中输入需要添加的文字内容，如图2-131所示，在字体选项栏中选择"大字报"字体，并在预览区域将其放大，完成后点击按钮☑保存操作，如图2-132所示。

图 2-131

图 2-132

步骤04 将时间轴移动至视频的起始位置，在未选中任何素材的状态下，点击底部工具栏中的"音频"按钮♬，如图2-133所示。打开音频选项栏，点击其中的"音效"按钮☆，如图2-134所示。

图 2-133

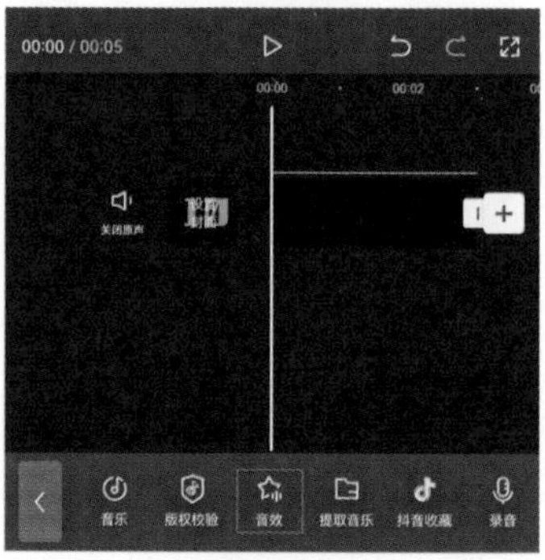

图 2-134

步骤05 打开音效选项栏，在搜索框中输入关键词"倒计时10秒"，点击"搜索"按钮，如图2-135所示。在搜索出的倒计时音效中选择图2-136中的音效，点击"使用"按钮将其添加至剪辑项目中。

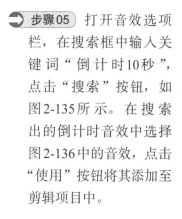

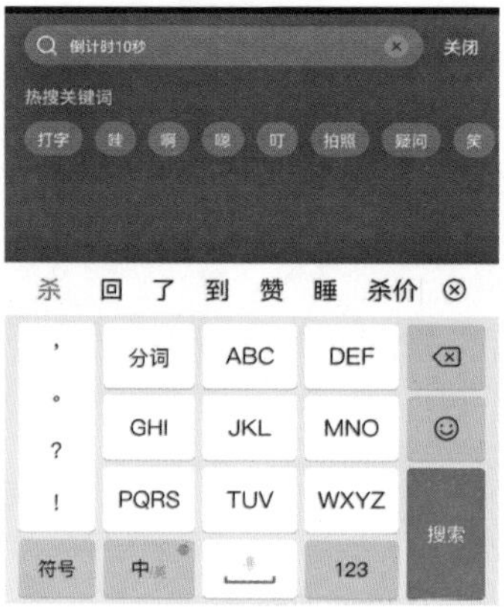

图 2-135

图 2-136

步骤06 在时间线区域选中黑场素材，将其右侧的白色边框向右拖动，使其尾部与音效素材的尾部对齐，如图2-137所示。再参照上述操作方法调整文字素材的时长，使其尾部与音效素材的尾部对齐，如图2-138所示。

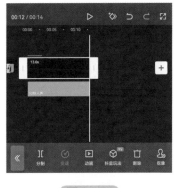

图 2-137

图 2-138

步骤07 将时间轴移动至音效中高呼"10"的声音结束的位置，选中黑场素材，点击底部工具栏中的"分割"按钮 **][**，将素材一分为二如图2-139和图2-140所示。

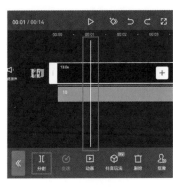

图 2-139

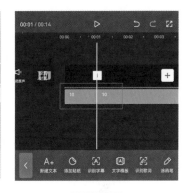

图 2-140

步骤08 选中分割出的后半段文字素材，点击底部工具栏中的"编辑"按钮 **Aa**，如图2-141所示，在输入框中将数字10修改为数字9，如图2-142所示。

步骤09 参照步骤07、步骤08的操作方法，根据音频中倒计时的声音分割黑场素材和文字素材，并依次修改文字素材中的数字，再将多余的音效、黑场和文字素材删除，如图2-143所示。完成所有操作后，将视频导出至相册。

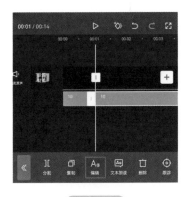

图 2-141

图 2-142

图 2-143

步骤10 在时间线区域选中第1段文字素材，点击底部工具栏中的"动画"按钮，如图2-144所示。打开动画选项栏，选择"入场"中的"放大"效果，并将"动画时长"滑块的数值拉至最大，完成后点击按钮保存操作，如图2-145所示。

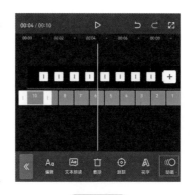

图 2-144

图 2-145

提示

倒计时字幕效果的关键在于文字入场动画与背景音效的配合，当文字出现的时间点与音效出现的时间点基本一致时，其感染力可以得到极大提升。

步骤11 打开剪映，进入素材添加界面后点击切换至"素材库"选项，如图2-146所示，在界面顶部的搜索栏中输入关键词"烟花素材"，点击"搜索"按钮，如图2-147所示。在搜索出的素材选项中选择图2-148中的视频素材，完成选择后点击界面右下角的"添加"按钮将其添加至剪辑项目中。

图 2-146

图 2-147

图 2-148

步骤12 进入视频编辑界面，在未选中任何素材的状态下，点击底部工具栏中的"画中画"按钮回，再点击"新增画中画"按钮，如图2-149和图2-150所示。

图 2-149　　　　　　图 2-150

步骤13 打开手机相册，将刚刚导出的文字素材添加至剪辑项目中，点击底部工具栏中的"混合模式"按钮，如图2-151所示。选择"变暗"效果，并在预览区域调整好文字素材的大小，使其将画面全部覆盖，执行操作后点击按钮保存操作，如图2-152所示。

图 2-151

图 2-152

步骤14 将时间轴移动至视频的结尾处，点击添加按钮，如图2-153所示，打开手机相册，选择一段"新年烟火"的视频素材添加至剪辑项目，如图2-154所示。

图 2-153

图 2-154

步骤15 在时间线区域点击"关闭原声"按钮 🔊，将时间轴移动至视频的起始位置，参照步骤04和步骤05的操作方法为视频添加"倒计时10秒"的音效素材，如图2-155所示。

步骤16 将时间轴移动至"新年烟火"素材的起始位置，参照步骤04和步骤05的操作方法为视频添加"新年烟花齐放"的音效，如图2-156所示。

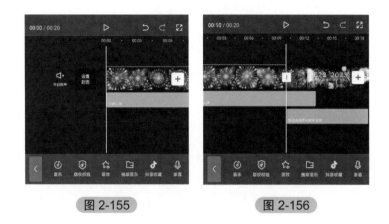

图 2-155　　　　　　图 2-156

步骤17 完成所有操作后，即可点击界面右上角的"导出"按钮，将视频保存至相册。

第3章
掌握调色技巧
让画面更美观

第4章
使用卡点功能
打造动感视频

提高篇

后期调色也就是对拍摄的视频进行调整，可以使视频的色彩风格一致，这是视频后期制作中的一个重要环节，但每个人调出的色调都不一样，具体的色调还得看个人的感觉。本章调色案例中的步骤和参数仅为参考，希望读者可以理解调色的思路，能够举一反三。

实例028　赛博朋克——打造炫酷的城市夜景

赛博朋克是网上非常流行的一种风格，该类风格的画面以青色和洋红色为主，也就是说这两种色调的搭配是画面的整体主基调。下面将介绍赛博朋克色调调色的具体操作方法，效果如图3-1所示。

扫码看视频
实例028

图 3-1

步骤01 打开剪映，在素材添加界面选择1张城市夜景的图像素材添加至剪辑项目中。在时间线区域选中素材，点击底部工具栏中的"调节"按钮 ，打开调节选项栏，如图3-2和图3-3所示。

图 3-2

图 3-3

步骤02 根据画面的实际情况，在选项栏中将色温、饱和度、亮度、对比度、光感和锐化调到合适的数值，使画面的颜色更加透亮，如图3-4所示。具体数值参考：色温–30、饱和度–10、亮度5、对比度10、光感5、锐化10。

步骤03 点击切换至滤镜选项栏，选择风格化选项中的"赛博朋克"滤镜，并点击按钮 保存操作，如图3-5所示。

图 3-4

图 3-5

→ **步骤04** 完成所有操作后，即可点击界面右上角的"导出"按钮，将视频保存至相册。

提示

"风格化"滤镜是一种模拟真实艺术创作手法的视频调色方法，主要通过将画面中的像素进行置换，同时查找并增加画面的对比度，来生成类似于绘画般的视频画面效果。例如，"风格化"滤镜组中的"蒸汽波"滤镜是一种诞生于网络的艺术视觉风格，最初出现在电子音乐领域，这种滤镜色彩非常迷幻，调色也比较夸张，整体画面效果偏冷色调，非常适合渲染情绪。

实例029 日系动漫——宫崎骏动漫风小镇

扫码看视频
实例029

日系动漫的色调整体上会给人一种唯美、治愈的感觉，而且整体的颜色明亮度都是偏高的，让颜色有一种朦朦胧胧的感觉。下面将介绍日系动漫风格调色的具体操作方法，效果如图3-6所示。

图 3-6

步骤01 打开剪映，在素材添加界面选择1张小镇的图像素材添加至剪辑项目中。在时间线区域选中素材，点击底部工具栏中的"调节"按钮 ，打开调节选项栏，如图3-7和图3-8所示。

图 3-7

图 3-8

步骤02 根据画面的实际情况，将饱和度、亮度、对比度、高光、阴影和锐化调到合适的数值，使画面的颜色更加鲜明，如图3-9所示。具体数值参考：饱和度35、亮度19、对比度–35、高光10、阴影10、锐化50。

步骤03 点击切换至"滤镜"选项栏，选择"风景"选项中的"仲夏"滤镜，并点击按钮 保存操作，如图3-10所示。

步骤04 完成所有操作后，即可点击界面右上角的"导出"按钮，将视频保存至相册。

图 3-9

图 3-10

实例030 青橙色调——电影质感的火车站

青橙色调一直都是很受广大网友喜爱的色调，放在夜景、风光、肖像摄影中都十分有意境，而且在很多好莱坞电影中经常用来描绘冲突场面。下面将介绍青橙色调调色的具体操作方法，效果如图3-11所示。

扫码看视频
实例030

图 3-11

➡ 步骤01 打开剪映，在素材添加界面选择一段火车行驶的视频素材添加至剪辑项目中。在时间线区域选中素材，点击底部工具栏中的"调节"按钮，打开调节选项栏，如图3-12和图3-13所示。

图 3-12

图 3-13

步骤02 根据画面的实际情况，将色温、饱和度、对比度、高光、锐化和暗角调到合适的数值，使画面更具氛围感，如图3-14所示。具体数值参考：色温−16、饱和度−15、对比度−15、高光−10、锐化20、暗角6。

步骤03 点击切换至"滤镜"选项栏，选择"影视级"选项中的"青橙"滤镜，并点击按钮✓保存操作，如图3-15所示。

图 3-14　　　　图 3-15

步骤04 完成所有操作后，即可点击界面右上角的"导出"按钮，将视频保存至相册。

提示

青橙色调是网络上非常流行的一种色彩搭配方式，适合风光、建筑、街景等类型的视频题材。青橙色调主要以蓝色和橙红色为主，能够让画面产生鲜明的色彩对比，同时还能获得和谐统一的视觉效果。

实例031　森系色调——盛放的小雏菊

森系是指一种贴近自然、素雅宁静的风格，它有如森林般纯净清新的感觉。森系风格也是时下非常流行的一种风格。下面将介绍森系色调调色的具体操作方法，效果如图3-16所示。

扫码看视频
实例031

图 3-16

步骤01 打开剪映，在素材添加界面选择一段小雏菊的视频素材添加至剪辑项目中。在时间线区域选中素材，点击底部工具栏中的"调节"按钮，打开调节选项栏，如图3-17和图3-18所示。

图 3-17

图 3-18

步骤02 根据画面的实际情况，将亮度、对比度、饱和度、色温、色调、暗角调到合适的数值，使画面的颜色更加鲜明，主体更加突出，如图3-19所示。具体数值参考：亮度-25、对比度-25、饱和度25、色温-35、色调-35、暗角15。

步骤03 点击切换至"滤镜"选项栏，选择"风景"选项中的"京都"滤镜，并点击按钮☑保存操作，如图3-20所示。

图 3-19

图 3-20

步骤04 完成所有操作后，即可点击界面右上角的"导出"按钮，将视频保存至相册。

实例032 糖果色调——童话里的城堡

糖果色调比较适合一些色彩丰富的场景，可以营造出一种十分梦幻、有如童话王国般的感觉。下面将介绍糖果色调调色的具体操作方法，效果如图3-21所示。

图 3-21

扫码看视频
实例032

步骤01 打开剪映，在
素材添加界面选择一段
城堡的视频素材添加至
剪辑项目中。在时间线
区域选中素材，点击底
部工具栏中的"调节"
按钮⚙️，打开调节选项
栏，如图3-22和图3-23
所示。

图 3-22

图 3-23

步骤02 根据画面的实
际情况，将色温、饱和
度、对比度、褪色调到
合适的数值，使画面的颜
色更加夺目，如图3-24所
示。具体数值参考：色
温–13、饱和度29、对比
度15、褪色25。

步骤03 点击切换至"滤
镜"选项栏，选择"人
像"选项中的"鲜亮"
滤镜，并点击按钮✓保
存操作，如图3-25所示。

图 3-24

图 3-25

步骤04 完成所有操作后，即可点击界面右上角的"导出"按钮，将视频保存至相册。

提示

"鲜亮"滤镜可以调出鲜亮活泼的色彩对比效果，能够让视频的色彩更加鲜艳，画质更加清晰。

知识导读 色卡的运用

色卡是一种颜色预设工具，非常新颖且实用，在剪映中使用色卡进行调色时，可以结合"不透明度"功能一起使用，两者相辅相成。下面介绍使用色卡调色的具体操作。

在剪辑项目中导入需要进行调色的素材后，在未选中素材的状态下，点击底部工具栏中的"画中画"按钮图，然后再点击"新增画中画"按钮+，如图3-26和图3-27所示。

图 3-26

图 3-27

进入剪映素材库，从中选择一张白色色卡导入剪辑项目，并在预览区域将其放大至覆盖原画面，并在时间线区域选中白色色卡素材，点击底部工具栏中的"不透明度"按钮◇，如图3-28所示，再在底部浮窗中滑动不透明度滑块，将其数值设置为26，并点击按钮☑保存操作，如图3-29所示。完成所有操作后，即可让原本有些冷清的画面变得朦胧，为视频增加一些梦幻感。

图 3-28　　　　　　　　　图 3-29

实例033　港风色调——小镇上的港风美女

复古港风的画面一般都带有泛黄旧照片的感觉，光晕柔和、饱和度高，一般呈现出暗红、橘黄、蓝绿色调，一看就是有故事的感觉。下面将介绍复古港风色调调色的具体操作方法，效果如图3-30所示。

扫码看视频
实例033

图 3-30

步骤01 打开剪映,在素材添加界面选择一张人物的图像素材添加至剪辑项目中。在时间线区域选中素材,点击底部工具栏中的"调节"按钮 ,打开调节选项栏,如图3-31和图3-32所示。

图 3-31

图 3-32

步骤02 根据画面的实际情况,将亮度、对比度、阴影和暗角调到合适的数值,为画面营造一种复古的氛围感,如图3-33所示。具体数值参考:亮度-30、对比度30、阴影30、暗角16。

步骤03 点击切换至"滤镜"选项栏,选择"复古胶片"选项中的"港风"滤镜,并点击按钮 保存操作,如图3-34所示。

图 3-33

图 3-34

步骤04 在未选中素材的状态下，点击底部工具栏中的"画中画"按钮▣，再点击"新增画中画"按钮▣，如图3-35和图3-36所示。

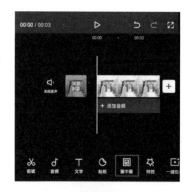

图 3-35

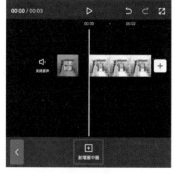

图 3-36

步骤05 进入剪映素材库，从中选择一张白色色卡导入剪辑项目，在预览区域将其放大至覆盖原画面，并在时间线区域选中白色色卡素材，点击底部工具栏中的"不透明度"按钮◒，如图3-37所示。再在底部浮窗中滑动不透明度滑块，将其数值设置为6，并点击按钮✓保存操作，如图3-38所示。

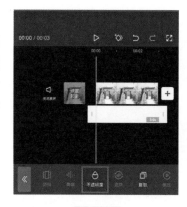

图 3-37

图 3-38

步骤06 完成所有操作后，即可点击界面右上角的"导出"按钮，将视频保存至相册。

提示

常说的复古港风通常指的是香港20世纪80年代至90年代的电影风格。而在复古港风短视频的拍摄与剪辑中，经常参考的是20世纪90年代初香港电影的风格，其特点是比20世纪80年代的香港电影氛围更轻松，结构更加自由，色彩更加浓郁，有胶片感。

实例034　漏光效果——制作森林光影大片

小清新漏光效果是一种具有浓郁文艺气息的复古效果，适用于各种日常场景。下面将介绍小清新漏光效果的具体制作方法，效果如图3-39所示。

扫码看视频
实例034

图 3-39

步骤01　打开剪映，在素材添加界面选择一段森林的视频素材添加至剪辑项目中。在时间线区域选中素材，点击底部工具栏中的"滤镜"按钮，如图3-40所示，打开"滤镜"选项栏，选择"室内"选项中的"潘多拉"滤镜，在界面底部滑动滑块，将其强度的数值设置为60，并点击按钮保存操作，如图3-41所示。

图 3-40　　　　图 3-41

步骤02 在未选中任何素材的状态下，点击底部工具栏中的"特效"按钮 ⚡，如图 3-42 所示。打开特效选项栏，点击其中的"画面特效"按钮 ▦，如图 3-43 所示。

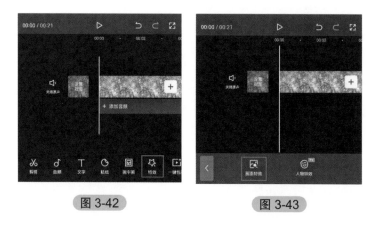

图 3-42　　　　　　　　　　图 3-43

步骤03 打开画面特效选项栏，选择"光"选项中的"丁达尔光线"特效，点击按钮 ☑ 保持操作，如图 3-44 所示。

步骤04 在时间线区域选中特效素材，将其右侧的白色边框向右拖动，使其尾端和视频素材的尾端对齐，如图 3-45 所示。

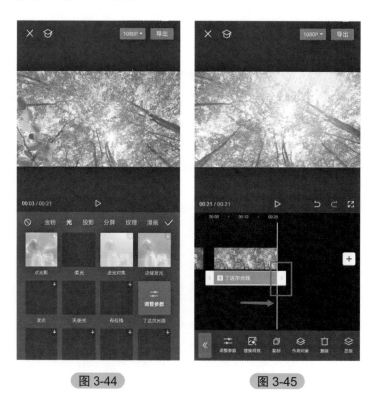

图 3-44　　　　　　　　　　图 3-45

步骤05 完成所有操作后，即可点击界面右上角的"导出"按钮，将视频保存至相册。

实例035　渐变调色——制作唯美的颜色渐变效果

　　制作色彩渐变效果的关键之处就在于滤镜功能和关键帧功能的配合。下面将以绿叶渐变为黄叶为例，介绍颜色渐变效果的制作方法，效果如图3-46所示。

扫码看视频
实例035

图 3-46

　　步骤01　打开剪映，在素材添加界面选择一段树叶的视频素材添加至剪辑项目中。将时间轴移动至1s处，选中素材，点击界面中的按钮 ◇，添加一个关键帧，如图3-47所示。参照上述操作方法，在视频的3s处再添加一个关键帧，如图3-48所示。

图 3-47

图 3-48

步骤02 在选中视频素材的状态下点击底部工具栏中的"滤镜"按钮，如图3-49所示。打开滤镜选项栏，选择影视级选项中的"月升之国"滤镜，点击按钮保存操作如图3-50所示。

步骤03 点击切换至调节选项栏，根据画面的实际情况，将饱和度、对比度、阴影和色温调到合适的数值，使画面秋季的氛围感更加浓郁，如图3-51所示。具体数值参考：饱和度50、对比度-35、阴影15、色温35。

图 3-49

图 3-50

步骤04 在选中视频素材的状态下，将时间轴移动至第1个关键帧的位置，点击底部工具栏中的"滤镜"按钮，如图3-52所示。打开滤镜选项栏，在底部浮窗中滑动滑块，将其数值设置为0，点击按钮保存操作，如图3-53所示。

图 3-51

图 3-52

图 3-53

步骤05 完成所有操作后，即可点击界面右上角的"导出"按钮，将视频保存至相册。

提示

"月升之国"滤镜主要是模拟电影《月升之国》的色调风格，画面主要以绝美的暖黄色调，打造出油画般浓郁的配色风格，效果别具一格。

实例036 克莱因蓝调——氛围感海景大片

克莱因蓝又被称为"绝对之蓝"，拥有极强的视觉冲击力和氛围感染力，也是极为流行的一种色调。下面将介绍克莱因蓝调的调色方法，效果如图3-54所示。

扫码看视频
实例036

图 3-54

 步骤01 打开剪映，在素材添加界面选择一段海景的视频素材添加至剪辑项目中。在未选中任何素材的状态下点击底部工具栏中的"画中画"按钮，再点击"新增画中画"按钮，如图3-55和图3-56所示。

图 3-55

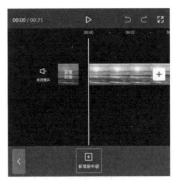

图 3-56

➲ **步骤02** 在素材添加界面点击切换至"素材库"选项，如图3-57所示。在搜索栏中输入关键词"蓝色色卡"，点击"搜索"按钮，如图3-58所示，在搜索出的色卡素材中选择图3-59中的选项。

图 3-57

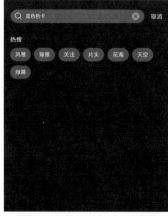

图 3-58

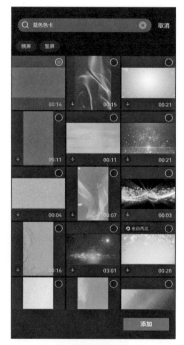

图 3-59

➲ **步骤03** 将时间轴移动至视频的起始位置，选中色卡素材，在预览区域将素材放大，使其将画面全部覆盖，并点击底部工具栏中的"定格"按钮 ▣ ，如图3-60所示。执行操作后，轨道中即可生成一段定格片段，选中衔接在定格片段之后的色卡素材，点击底部工具栏中的"删除"按钮▣，如图3-61所示，将其删除。

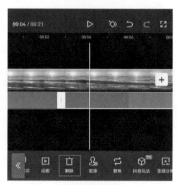

图 3-61

图 3-60

➡️ **步骤04** 在时间线区域
选中定格片段，将其右
侧的白色边框向右拖动，
使其尾端和海景素材的
尾端对齐，并点击底部
工具栏中的"混合模式"
按钮 🔲，如图3-62所
示。打开混合模式选项
栏，选择其中的"叠加"
效果，点击按钮☑️保存
操作，如图3-63所示。

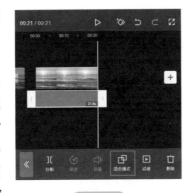

图 3-62

图 3-63

➡️ **步骤05** 在时间线区域
选中定格片段，点击底
部工具栏中的"不透明
度"按钮 🔵，如图3-64
所示。在底部浮窗中滑
动不透明度滑块，将数
值设置为80，点击按钮
☑️保存操作，如图3-65
所示。

图 3-64

图 3-65

步骤06 在时间线区域选中海景素材，点击底部工具栏中的"调节"按钮，如图3-66所示。打开调节选项栏，根据画面的实际情况，将饱和度、颗粒和暗角调到合适的数值，使画面更具氛围感，如图3-67所示。具体数值参考：饱和度-20、颗粒10、暗角6。

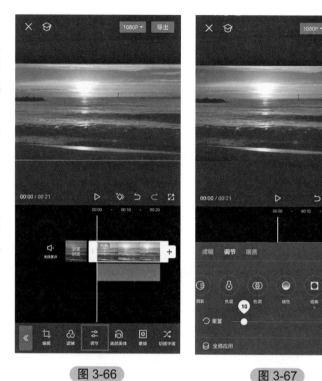

图 3-66　　　　　　　　图 3-67

步骤07 完成所有操作后，即可点击界面右上角的"导出"按钮，将视频保存至相册。

⏰**提示**

克莱因蓝是根据艺术家克莱因名字命名的蓝色，是极致的蓝。1957年，法国艺术家Yves Klein（伊夫·克莱因）在米兰画展上展出了八幅同样大小、涂满近似群青色颜料的画板——"克莱因蓝"正式亮相于世人眼前，从此，这种色彩被正式命名为"国际克莱因蓝"（International Klein Blue，简写IKB）。

实例037　文艺小清新——草地上的小女孩

文艺小清新风的视频色调都比较清新通透，画面柔和，对比度较低，且画面偏亮，让人有亲切的感觉。下面将介绍文艺小清新风格的调色方法，效果如图3-68所示。

扫码看视频
实例037

图 3-68

步骤01 打开剪映，在素材添加界面选择一段需要进行调色的视频素材添加至剪辑项目中。在时间线区域选中素材，点击底部工具栏中的"调节"按钮，打开调节选项栏，点击其中的"HSL"选项，如图 3-69 和图 3-70 所示。

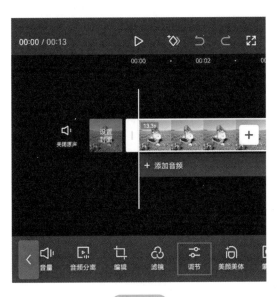

图 3-69

图 3-70

步骤02 在底部浮窗中点击绿色图标，并将绿色元素的色相、饱和度、亮度的数值均设置为60，如图3-71所示。

步骤03 点击青色图标，将青色元素的饱和度数值设置为25，亮度的数值设置为–20，如图3-72所示。

图3-71　　　　　　图3-72

步骤04 点击蓝色图标，将蓝色元素的色相数值设置为–50，饱和度的数值设置为–15，亮度的数值设置为–10。执行操作后点击按钮，如图3-73所示。

步骤05 在调节选项栏中根据画面的实际情况，将色温、色调、饱和度、高光、阴影和光感调到合适的数值，使画面更加清新通透，如图3-74所示。具体数值参考：色温–10、色调–10、饱和度10、高光15、阴影10、光感15。

图3-73　　　　　　图3-74

完成所有操作后，即可点击界面右上角的"导出"按钮，将视频保存至相册。

提示

文艺风的短视频大多色调柔和，不会有强烈的色彩对比，色彩的饱和度也不会过高。可通过"HSL"功能来调节每个颜色的亮度、饱和度、色相等，从而使各个颜色在画面中呈现的效果都比较和谐。

实例038　莫兰迪色调——温柔气质型古装美女

扫码看视频
实例038

莫兰迪色调通常给人一种柔和而淡雅的感觉，这款色调可以让画面有着恰到好处的朴素和美感，光影的低对比保证了画面的柔美和谐，加上低饱和的灰系色彩，让画面达到一种视觉上的平衡。下面将介绍莫兰迪色调的调色方法，效果如图3-75所示。

图 3-75

步骤01 打开剪映，在素材添加界面选择一段需要进行调色的视频素材添加至剪辑项目中。在时间线区域选中素材，点击底部工具栏中的"调节"按钮 ，打开调节选项栏，点击其中的"HSL"选项，如图3-76和图3-77所示。

图 3-76

图 3-77

步骤02 在底部浮窗中点击绿色图标，并将绿色元素的色相的数值设置为50、饱和度的数值设置为–25，执行操作后点击按钮 ，如图3-78所示。

步骤03 在调节选项栏中根据画面的实际情况，将色温、色调、饱和度、高光、阴影和光感调到合适的数值，使画面更加柔和淡雅，如图3-79所示。具体数值参考：色温–25、色调–10、饱和度–25、高光–15、阴影–35、光感35。

图 3-78

图 3-79

步骤04 完成所有操作后，即可点击界面右上角的"导出"按钮，将视频保存至相册。

🕐 提示

> 在制作调色类短视频时，采用原视频和调色后的视频效果进行对比，是比较常用的展现手法，通过对比能够让观众对调色效果一目了然。

知识导读 剪映的美颜美体功能

如今手机相机的像素越来越高，在拍摄时，演员形象上的一些瑕疵几乎是无所遁形，所以在进行后期剪辑时，经常需要对人物进行一些美化处理，让人物的镜头魅力实现最大化。

（1）美颜

在剪映中导入一段需要进行美颜的素材，在时间线区域选中该素材，点击底部工具栏中的"美颜美体"按钮，如图3-80所示。打开美颜美体选项栏，点击"美颜"按钮，如图3-81所示。

图 3-80

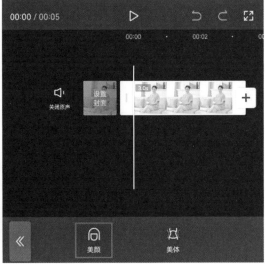

图 3-81

进入默认的"智能美颜"选项栏后，可以看到有"磨皮""祛黑眼圈""祛法令纹""美白""白牙"等选项，如图3-82所示。点击"磨皮"图标切换至该功能上，拖动白色圆圈滑块，即可调整"磨皮"效果的强弱，如图3-83所示。

图 3-82　　　　　　　　图 3-83

点击切换至"智能美型"选项栏后，可以看到里面根据人物的面部、眼部、鼻子、嘴巴等部位做出了细分的选项，当"瘦脸"图标显示为红色时，表示目前正处于瘦脸状态，拖动白色圆圈滑块，即可调整"瘦脸"效果的强弱，如图3-84所示。

点击切换至"手动精修"选项栏，里面只有"手动瘦脸"一个选项，拖动白色圆圈滑块，即可调整"瘦脸"效果的强弱，如图3-85所示。

图 3-84　　　　　　　　图 3-85

（2）美体

在剪映中导入一段需要进行美体的素材，在时间线区域选中该素材，点击底部工具栏中的"美颜美体"按钮，如图3-86所示。打开美颜美体选项栏，点击"美体"按钮，如图3-87所示。

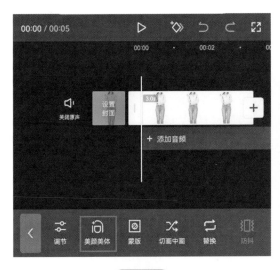

图 3-86

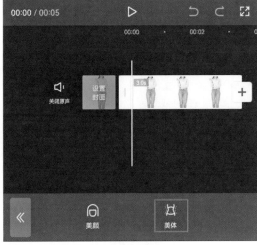

图 3-87

进入默认的"智能美体"选项栏后，可以看到有"磨皮""美白""瘦身""长腿""瘦腰"等选项。点击"长腿"图标切换至该功能上，拖动白色圆圈滑块，即可调整"长腿"效果的强弱，如图3-88所示。

同理，点击"瘦腰"图标切换至该功能上，拖动白色圆圈滑块，即可调整"瘦腰"效果的强弱，如图3-89所示。

图 3-88

图 3-89

　　点击切换至"手动美体"选项栏后，可以看到里面有"拉长""瘦身瘦腰""放大缩小"三个选项。当"拉长"图标显示为红色时，在预览区域移动黄色线条，选择需要拉长的部位，拖动底部的白色圆圈滑块，即可将人物被选取的部位拉长，如图3-90所示。

　　同理，点击"瘦身瘦腰"图标切换至该功能上，在预览区域移动黄色线条，选择需要进行调整的部位，拖动底部的白色圆圈滑块，即可让人物被选取的部位变窄或变宽，如图3-91所示。

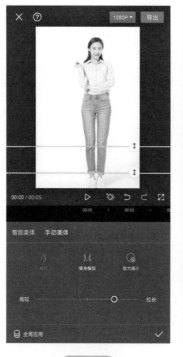

图 3-90

图 3-91

第4章
使用卡点功能打造动感视频

卡点视频是一种非常注重音乐旋律和节奏动感的短视频，而且音乐的节奏感越强，鼓点的起伏越大，用户也会更容易找到节拍点。本章将介绍照片卡点、动画卡点、3D卡点、分屏卡点、蒙版卡点、定格卡点、变色卡点、关键帧卡点这8种卡点视频的制作方法。

实例039　照片卡点——户外写真动感卡点相册

照片卡点，顾名思义，就是让照片根据音乐的节拍点有规律地切换，这种视频制作简单但却极具动感，在短视频平台极为常见。下面介绍具体的制作方法，效果如图4-1所示。

扫码看视频
实例039

图 4-1

步骤01 打开剪映，在素材添加界面选择27张人物图像素材添加至剪辑项目中。在未选中任何素材的状态下点击底部工具栏中的"音频"按钮♪，如图4-2所示。打开音频选项栏，点击其中的"音乐"按钮◉，如图4-3所示。进入剪映音乐素材库，在卡点选项中选择图4-4中的音乐，点击"使用"按钮将其添加至剪辑项目中。

图 4-2

图 4-3

图 4-4

步骤02 在时间线区域选中音乐素材，点击底部工具栏中的"踩点"按钮▙，如图4-5所示。在踩点选项栏中点击"自动踩点"按钮，选中"踩节拍Ⅱ"选项，点击按钮✔保存操作，如图4-6所示。

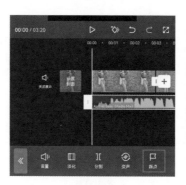

图 4-5

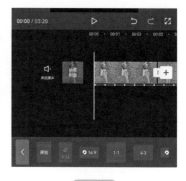

图 4-6

步骤03 在未选中任何素材的状态下，点击底部工具中的"比例"按钮■，如图4-7所示，打开比例选项栏，选择9：16选项，如图4-8所示。

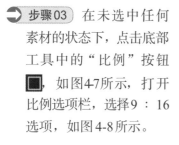

图 4-7

图 4-8

步骤04 在时间线区域选中第1段素材，点击底部工具栏中的"编辑"按钮 ，如图4-9所示。打开编辑选项栏，点击其中的"裁剪"按钮，在裁剪选项栏中选择"9：16"的比例，并点击按钮 保存操作，如图4-10和图4-11所示。

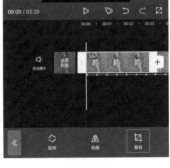

图 4-9　　　　　　　图 4-10　　　　　　　图 4-11

步骤05 将时间轴移动至音频的第1个节拍点的位置，在时间线区域选中第1段素材，点击底部工具栏中的"分割"按钮，再点击"删除"按钮，如图4-12和图4-13所示，将多余的素材删除。参照上述操作方法根据音频的节拍点对余下素材进行剪辑，如图4-14所示。

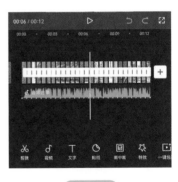

图 4-12　　　　　　　图 4-13　　　　　　　图 4-14

步骤06 完成所有操作后，即可点击界面右上角的"导出"按钮，将视频保存至相册。

提示

　　对素材进行裁剪后，若出现素材画面没有铺满的情况，可以在预览区域进行手动调节。

实例040　动画卡点——城市夜景动感大片

动画卡点就是使动画效果与音乐的节奏点同步，在制作这种视频时，需要合理地选取动画效果，使画面转变不会显得很突兀。下面将介绍具体的制作方法，效果如图4-15所示。

扫码看视频
实例040

图 4-15

步骤01 打开剪映，在素材添加界面选择多段城市夜景素材添加至剪辑项目中。在未选中任何素材的状态下点击底部工具栏中的"音频"按钮，如图4-16所示。打开音频选项栏，点击其中的"抖音收藏"按钮，如图4-17所示。在收藏列表中选择图4-18中的音乐，点击"使用"按钮将其添加至剪辑项目。

图 4-16

图 4-17

图 4-18

步骤02 在时间线区域选中音乐素材，点击底部工具栏中的"踩点"按钮🏳，如图4-19所示。在踩点选项栏中点击"自动踩点"按钮，选择"踩节拍Ⅱ"选项，点击按钮✔保存操作，如图4-20所示。

图 4-19

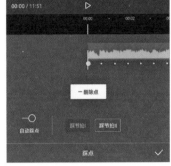

图 4-20

步骤03 将时间轴移动至第二个节拍点的位置，选中第1段素材，点击底部工具栏中的"分割"按钮Ⅱ，再点击"删除"按钮🗑，将多余的素材删除，如图4-21和图4-22所示。

图 4-21

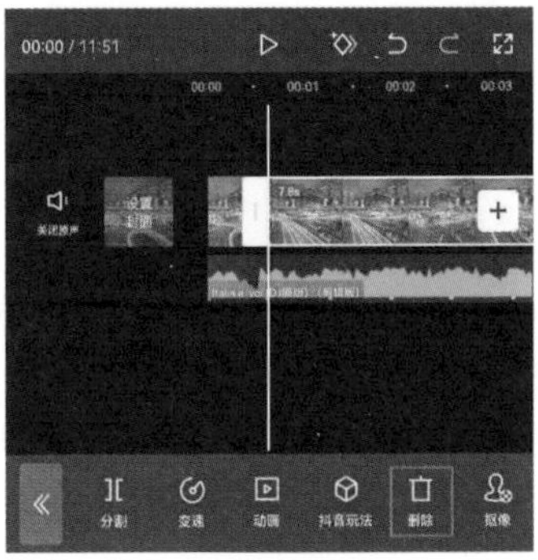

图 4-22

步骤04 参照步骤03的操作方法，根据音乐素材上的节拍点，对余下的素材进行处理，如图4-23所示；在时间线区域选中第1段素材，点击底部工具栏中的"动画"按钮▶，如图4-24所示。

图 4-23

图 4-24

步骤05　打开动画选项栏，点击其中的"入场动画"按钮 ，在入场动画选项栏中选择"动感放大"效果，并点击按钮 保存操作，如图4-25和图4-26所示。

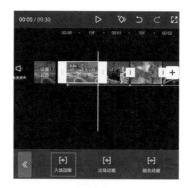

图4-25

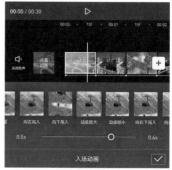

图4-26

步骤06　参照步骤05的操作方法，为余下的素材添加自己喜欢的入场动画效果。将时间轴移动至视频的结尾处，选中音乐素材，点击底部工具栏中的"分割"按钮 ，再点击"删除"按钮 ，将多余的音乐素材删除，如图4-27和图4-28所示。

图4-27

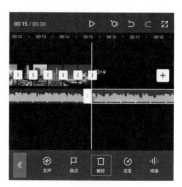

图4-28

步骤07　完成所有操作后，即可点击界面右上角的"导出"按钮，将视频保存至相册。

提示

　　当用户单击"自动踩点"按钮，系统会自动为音频打上节拍点，除此之外，用户还可以单击"手动"踩点按钮，根据音频的律动，手动为音频打上节拍点。

实例041　3D卡点——旋转的立方体相册

　　立方体相册需要结合剪映的多项功能来进行制作，如动画、滤镜、画中画、特效等。下面介绍具体的制作方法，效果如图4-29所示。

扫码看视频
实例041

图 4-29

步骤01　打开剪映，在素材添加界面选择8张人物图像素材添加至剪辑项目中。在时间线区域选中第1段素材，点击底部工具栏中的"编辑"按钮，如图4-30所示。打开编辑选项栏，点击其中的"裁剪"按钮，在裁剪选项栏中选择"9∶16"的比例，并点击按钮保存操作，如图4-31和图4-32所示。再参照上述操作方法将余下的素材都裁剪为9∶16比例。

图 4-30

图 4-31

图 4-32

步骤02 在底部工具栏中点击"音频"按钮🎵，打开音频选项栏，点击其中的"音乐"按钮🎵，如图4-33和图4-34所示。在剪映的音乐素材库中点击切换至"抖音收藏"选项，选择图4-35中的音乐，点击"使用"按钮将其添加至剪辑项目中。

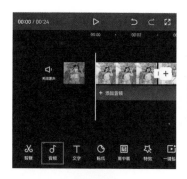

图 4-33

图 4-34

图 4-35

步骤03 在时间线区域选中音乐素材，点击底部工具栏中的"踩点"按钮▣，如图4-36所示。在踩点选项栏中点击"自动踩点"按钮，选中"踩节拍Ⅰ"选项，点击按钮✓保存操作，如图4-37所示。

图 4-36

图 4-37

步骤04 在时间线区域选中第1段素材，将其右侧白色边框向右拖动，使其尾部与音频的第2个节拍点对齐，如图4-38所示。将时间轴移动至第1个节拍点的位置，点击底部工具栏中的"分割"按钮▣，如图4-39所示，再将时间轴移动至第1和第2个节拍点中间的位置，点击底部工具栏中的"分割"按钮▣，如图4-40所示。

图 4-38

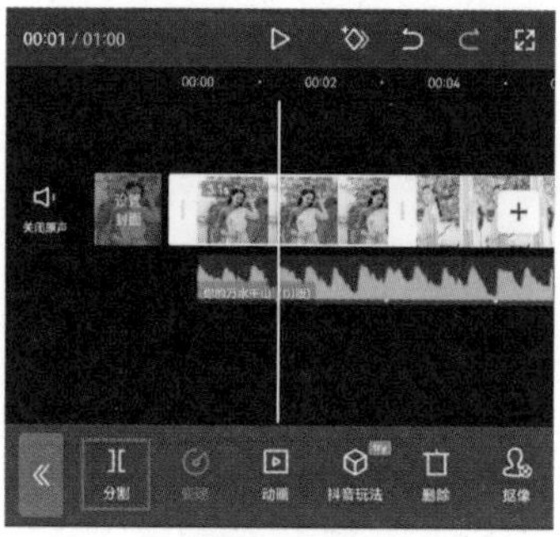

图 4-39

图 4-40

步骤05 在时间线区域选中分割出的第2段素材，点击底部工具栏中的"切画中画"按钮，如图4-41所示，并将其移动至主视频轨道中第1段素材的下方，再将其右侧的白色边框向右拖动，使其尾端和主视频轨道中第1段素材的尾端对齐，如图4-42所示。

步骤06 参照步骤01的操作方法将画中画素材裁剪为"1：1"的比例，如图4-43所示。

图 4-41　　　　图 4-42　　　　图 4-43

步骤07 在时间线区域选中画中画素材，在底部工具栏中点击"动画"按钮，如图4-44所示。打开动画选项栏，点击其中的"组合动画"按钮，在组合动画选项栏中选择"水晶Ⅱ"效果，并点击按钮保存操作，如图4-45和图4-46所示。

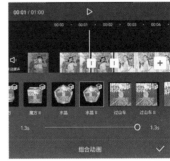

图 4-44　　　　图 4-45　　　　图 4-46

步骤08 在时间线区域选中画中画素材，在预览区域将其放大，如图4-47所示。再选中主视频轨道中的第1段素材，点击底部工具栏中的"滤镜"按钮，如图4-48所示，打开"滤镜"选项栏，选择"黑白"选项中的"牛皮纸"滤镜，并点击按钮保存操作，如图4-49所示。

图 4-47

图 4-48

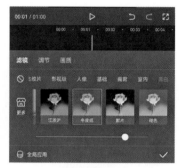

图 4-49

步骤09 将时间线移动至视频的起始位置，点击底部工具栏中的"特效"按钮，如图4-50所示。打开特效选项栏，点击其中的"画面特效"按钮，如图4-51所示。打开画面特效选项栏，选择其中的"星光绽放"特效，点击按钮保存操作，如图4-52所示。

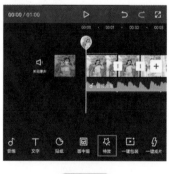

图 4-50

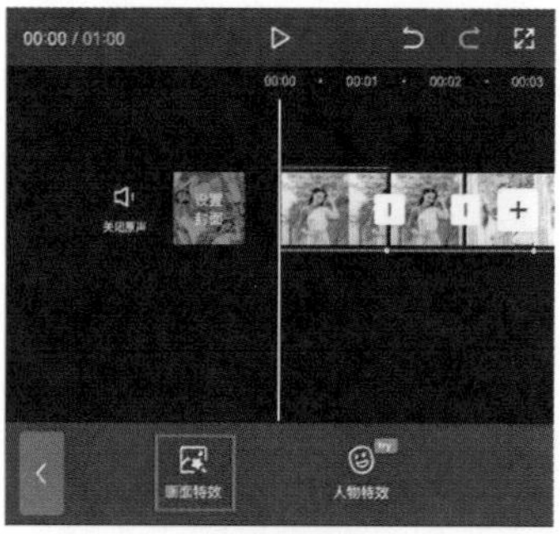

图 4-51

图 4-52

步骤10 在选中特效素材的状态下点击底部工具栏中的"作用对象"按钮，如图4-53所示，在选项栏中选择"画中画"选项，点击按钮保存操作，如图4-54所示。

步骤11 将时间轴移动至主视频轨道中第2段素材的起始位置，参照步骤09的操作方法为视频添加"星火炸开"特效，并将特效素材的长度缩短至和第2段素材同长，如图4-55所示。

图 4-53

图 4-54

图 4-55

步骤12 参照步骤04至步骤11的操作方法，为余下7张图像素材制作立方体相册效果，如图4-56所示。

步骤13 将时间轴移动至视频的结尾处，选中音乐素材，点击底部工具栏中的"分割"按钮，再点击"删除"按钮，如图4-57和图4-58所示，将多余的音乐素材删除。

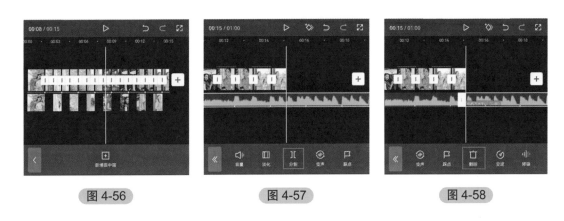

图 4-56　　　　　　　　　　图 4-57　　　　　　　　　　图 4-58

步骤14 完成所有操作后，即可点击界面右上角的"导出"按钮，将视频保存至相册。

实例042　分屏卡点——炫酷的三屏卡点短视频

分屏卡点短视频需要同时使用"画中画"和"蒙版"功能来制作，这种视频可以给人一种很高端、酷炫的观感。下面将介绍具体的制作方法，效果如图4-59所示。

图 4-59

扫码看视频
实例042

步骤01 打开剪映，在素材添加界面选择7段视频素材添加至剪辑项目中。在未选中任何素材的状态下点击底部工具栏中的"音频"按钮🎵，如图4-60所示。打开音频选项栏，点击其中的"音乐"按钮🎵，如图4-61所示。进入剪映音乐素材库，在卡点选项中选择图4-62中的音乐，点击"使用"按钮将其添加至剪辑项目中。

图 4-60

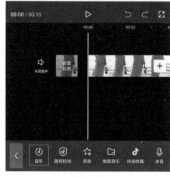

图 4-61

图 4-62

步骤02 在时间线区域选中音乐素材，点击底部工具栏中的"踩点"按钮，如图4-63所示。在踩点选项栏中点击"自动踩点"按钮，选择"踩节拍Ⅱ"选项，点击按钮保存操作，如图4-64所示。

图 4-63

图 4-64

步骤03 在时间线区域选中视频素材，点击底部工具栏中的"蒙版"按钮，如图4-65所示。打开蒙版选项栏，选择其中的矩形蒙版，在预览区域调整好蒙版的形状和大小，并拖动按钮，为蒙版拉一点圆角，如图4-66所示。

步骤04 在时间线区域选中视频素材，点击底部工具栏中的"复制"按钮，如图4-67所示。

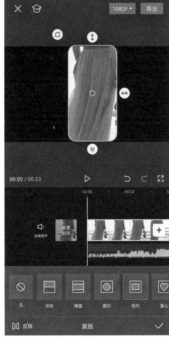

图 4-65

图 4-66

图 4-67

步骤05 参照步骤04的操作方法在轨道中将视频素材再复制一份。在时间线区域选中第2段素材，点击底部工具栏中的"切画中画"按钮🔀，如图4-68所示。并将其移动至第1段素材的下方，使素材的起始位置与音频的第2个节拍点对齐，再在预览区域将其移动至画面的左侧，如图4-69所示。

步骤06 参照步骤05的操作方法将第3段素材移动至画中画轨道，使素材的起始位置与音频的第3个节拍点对齐，并在预览区域将其移动至画面的右侧，如图4-70所示。

图 4-68

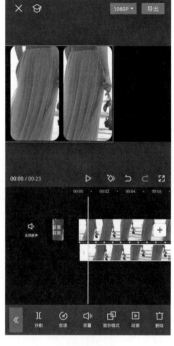

图 4-69

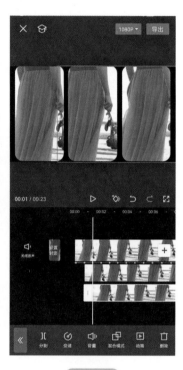

图 4-70

步骤07 参照步骤04的操作方法将主视频轨道和画中画轨道的素材分别复制6份，如图4-71所示。

步骤08 在时间线区域选中主视频轨道中的最后1段素材，将其右侧的白色边框向右拖动，使其尾端与音频的尾端对齐，如图4-72所示。再参照上述操作方法调整画中画轨道中最后1段素材的时长，使其尾端和音频的尾端对齐。

步骤09 在时间线区域选中主视频轨道中的第2段素材，点击底部工具栏中的"替换"按钮🔁，如图4-73所示。

步骤10 进入素材添加界面，选择除第1段素材外的任意一段素材，将其替换，如图4-74所示。

步骤11 参照步骤09和步骤10的操作方法将画中画轨道中的第2段素材都替换为同一素材，如图4-75所示。

步骤12 参照步骤09至步骤11的操作方法，将余下5组素材都替换为不同的素材，如图4-76所示。

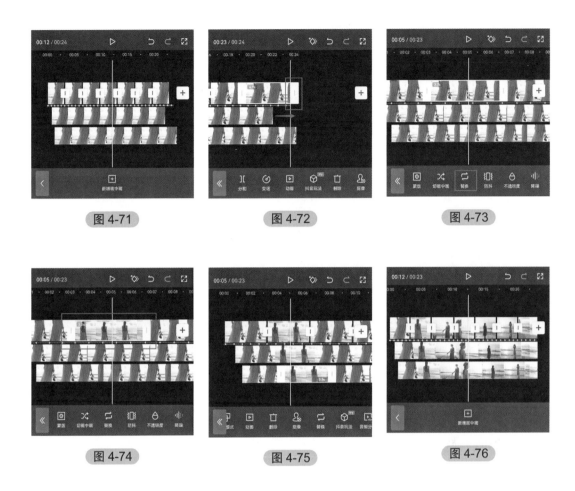

图 4-71　　　　　　　　　图 4-72　　　　　　　　　图 4-73

图 4-74　　　　　　　　　图 4-75　　　　　　　　　图 4-76

步骤13　在时间线区域选中第1段素材，点击底部工具栏中的"动画"按钮，如图
4-77所示，打开动画选项栏，点击其中的"入场动画"按钮，在入场动画选项栏中选
择"动感放大"效果，并点击按钮✓保存操作，如图4-78和图4-79所示。参照上述
操作方法为余下所有素材均添加动感放大效果。

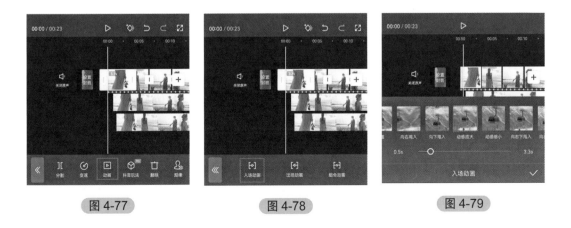

图 4-77　　　　　　　　　图 4-78　　　　　　　　　图 4-79

步骤14 将时间线移动至视频的起始位置,点击底部工具栏中的"音频"按钮🎵,如图4-80所示。打开音频选项栏,点击其中的"音效"按钮⭐,如图4-81所示。进入音效选项栏,在搜索框中输入关键词"画面突然出现的音效",点击"搜索"按钮,如图4-82所示。

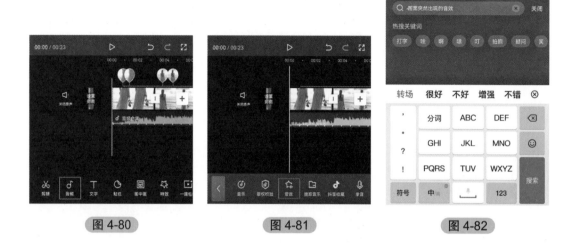

图 4-80　　　　　　　图 4-81　　　　　　　图 4-82

步骤15 在搜索出的音效素材中选择图4-83中的音效,点击"使用"按钮将其添加至剪辑项目中。在预览区域选中音效素材,将其右侧的白色边框向左拖动,使其长度和动画时长保持一致,如图4-84所示。

步骤16 参照步骤14和步骤15的操作方法在每段素材出场的位置添加音效,如图4-85所示。

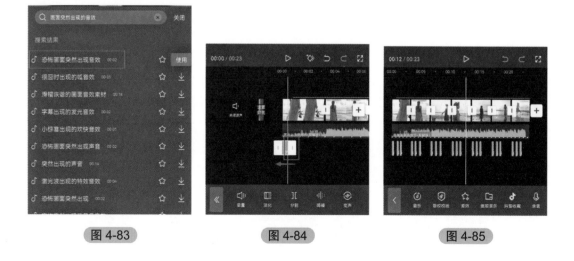

图 4-83　　　　　　　图 4-84　　　　　　　图 4-85

➡ 步骤17 完成所有操作后，即可点击界面右上角的"导出"按钮，将视频保存至相册。

⏰ 提示

分屏本义是指采用分屏分配器驱动多个显示器，从而使多个屏幕显示相同的画面，就如同VC界面编程中的动态拆分效果。

实例043 蒙版卡点——动感城市灯光秀

扫码看视频
实例043

同时使用"画中画"和"蒙版"功能可以控制画面的显示区域，利用这一原理，再结合剪映的"滤镜"功能，可以制作出非常炫酷的城市灯光秀。下面介绍具体的制作方法，效果如图4-86所示。

图 4-86

➡ 步骤01 打开剪映，在素材添加界面选择一段视频素材添加至剪辑项目中。在底部工具栏中点击"音频"按钮♪，如图4-87所示。打开音频选项栏，点击其中的"音乐"按钮♪，如图4-88所示。在旅行类中选择图4-89中的音乐，点击"使用"按钮，将其添加至剪辑项目中。

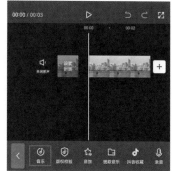

图 4-87

图 4-88

图 4-89

步骤02 将时间轴移动至音频的10s处，点击底部工具栏中的"分割"按钮，再点击"删除"按钮，将多余的音频删除，如图4-90和图4-91所示。在时间线区域选中图像素材，将其右侧的白色边框向右拖动，使其尾端和音频的尾端对齐，如图4-92所示。

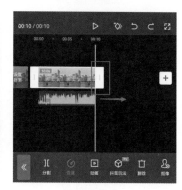

图 4-90

图 4-91

图 4-92

步骤03 在时间线区域选中图像素材，点击底部工具栏中的"滤镜"按钮，如图4-93所示。打开滤镜选项栏，选择"黑白"选项中的"默片"滤镜，并点击按钮保存操作，如图4-94所示。

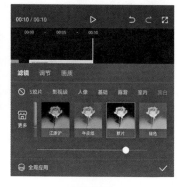

图 4-93

图 4-94

步骤04 在时间线区域选中图像素材，点击底部工具栏中的"复制"按钮 ，在轨道中复制一份一模一样的素材，如图4-95所示；再在时间线区域选中复制的素材，点击底部工具栏中的"切画中画"按钮 ，如图4-96所示，并在时间线区域将画中画素材移动至图像素材的下方，如图4-97所示。

图 4-95

图 4-96

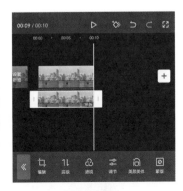

图 4-97

步骤05 在时间线区域选中画中画素材，点击底部工具栏中的"滤镜"按钮 ，如图4-98所示。打开滤镜选项栏，点击其中的按钮 ，将"默片"效果去除，并点击按钮 保存操作，如图4-99所示。

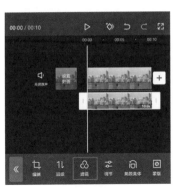

图 4-98

图 4-99

步骤06 在时间线区域选中音乐素材，点击底部工具栏中的"踩点"按钮 ，如图4-100所示。在踩点选项栏中点击"自动踩点"按钮，选中"踩节拍Ⅱ"选项，并点击按钮 保存操作，如图4-101所示。

图 4-100

图 4-101

步骤07 将时间轴移动至音频的第1个节拍点的位置，在时间线区域选中画中画素材，点击底部工具栏中的"分割"按钮 ⅠⅠ，如图4-102所示。参照上述操作方式根据音频中余下的节拍点对画中画素材进行分割。

步骤08 在时间线区域选中第1段画中画素材，点击底部工具栏中的"蒙版"按钮 ⊘，如图4-103所示。打开蒙版选项栏，选择其中的矩形蒙版，在预览区域调整好蒙版的大小和位置，并点击按钮 ✓ 保存操作，如图4-104所示。参照上述操作方法，为余下的画中画素材添加蒙版。

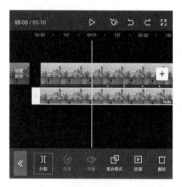

图 4-102　　　　　　图 4-103　　　　　　图 4-104

步骤09 完成所有操作后，即可点击界面右上角的"导出"按钮，将视频保存至相册。

提示

蒙版的大意是指"蒙在上面的板子"，主要用于对画面中的某一特定局部区域进行相关操作，从而获得一些意想不到的效果，在剪映中使用不同形状的蒙版，可以实现不同样式的视频抠像合成效果。

实例044　定格卡点——人物卡点定格拍照效果

当一段视频中多次出现定格画面，并且其时间点与音乐节拍匹配，就可以让视频具有律动感，在此基础上，再结合快门转场、滤镜效果和边框特效，便能制作出好看的人物卡点定格拍照效果。下面将介绍具体的制作方法，效果如图4-105所示。

扫码看视频
实例044

图 4-105

步骤01 打开剪映，在素材添加界面选择9张人物图像素材添加至剪辑项目中。在底部工具栏中点击"音频"按钮，如图4-106所示。打开音频选项栏，点击其中的"抖音收藏"按钮，如图4-107所示，在收藏列表中选择图4-108中的音乐，点击"使用"按钮将其添加至剪辑项目中。

图 4-106

图 4-107

图 4-108

步骤02 在时间线区域选中音乐素材，点击底部工具栏中的"踩点"按钮，如图4-109所示。在踩点选项栏中点击"自动踩点"按钮，选中"踩节拍Ⅱ"选项，并点击按钮保存操作，如图4-110所示。

步骤03 将时间轴移动至第一个节拍点的位置，选中第1段视频素材，点击底部工具栏中的"定格"按钮，如图4-111所示。

图 4-109

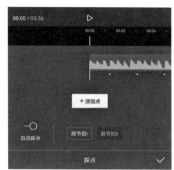

图 4-110

图 4-111

步骤04 在时间线区域选中定格片段，将其右侧白色边框向左拖动，使其时长缩短至 0.5s，如图 4-112 所示；再在时间线区域选中衔接在定格片段之后的素材，点击底部工具栏中的"删除"按钮📖，将其删除，如图 4-113 所示。

步骤05 参照上述操作方法根据音频的节拍点为余下的每段素材都制作一段定格片段，如图 4-114 所示。

图 4-112

图 4-113

图 4-114

步骤06 在时间线区域点击第 1 段素材和其相应的定格片段中间的按钮 🔲，如图 4-115 所示。打开转场选项栏，选择拍摄项中的"快门"效果，并点击按钮☑保存操作，如图 4-116 所示。参照上述操作方法在余下素材和其相应的定格片段中间添加"快门"转场效果，如图 4-117 所示。

图 4-115

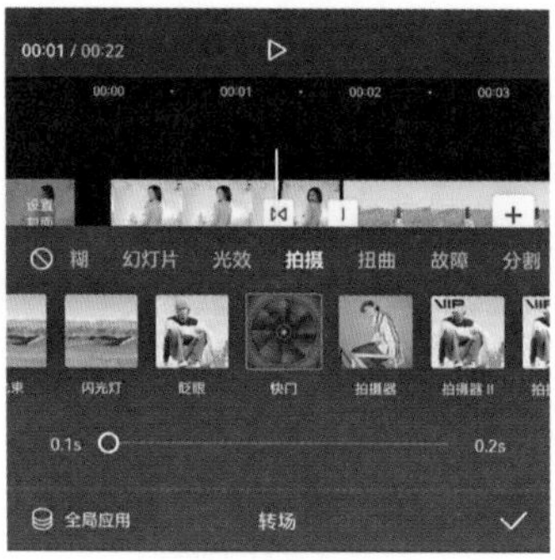

图 4-116

图 4-117

步骤07 在时间线区域选中第1段素材的定格片段，点击底部工具栏中的"滤镜"按钮，如图4-118所示。打开"滤镜"选项栏，选择"人像"选项中的"粉瓷"效果，并点击按钮✓保存操作，如图4-119所示。参照上述操作方法为余下的定格片段添加不同的滤镜效果。

图 4-118

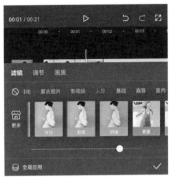

图 4-119

步骤08 将时间轴移动至视频的起始位置，在未选中任何素材的状态下点击底部工具栏中的"特效"按钮，如图4-120所示。打开特效选项栏，点击其中的"画面特效"按钮，如图4-121所示，打开画面特效选项栏，选择边框选项中的"录制边框Ⅱ"特效，如图4-122所示，并将特效素材延长至和视频同长，如图4-123所示。

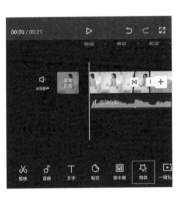

图 4-120

图 4-121

步骤09 完成所有操作后，即可点击界面右上角的"导出"按钮，将视频保存至相册。

图 4-122

图 4-123

实例045　变色卡点——冲击波变色卡点短视频

冲击波变色卡点短视频是结合剪映的"定格""滤镜"和"踩点"功能，以及剪映素材库中的冲击波特效素材制作而成。下面将介绍具体的制作方法，效果如图4-124所示。

扫码看视频
实例045

图 4-124

步骤01 打开剪映，在素材添加界面选择6段人物转身的视频素材添加至剪辑项目中。在未选中任何素材的状态下点击底部工具栏中的"音频"按钮，如图4-125所示。打开音频选项栏，点击其中的"抖音收藏"按钮，如图4-126所示。在收藏列表中选择图4-127中的音乐，点击"使用"按钮将其添加至剪辑项目中。

图 4-125

图 4-126

图 4-127

步骤02 在时间线区域选中音频素材,点击底部工具栏中的"踩点"按钮🏳,如图
4-128所示。在底部浮窗中将时间轴移动至音频中的鼓点处,点击界面中的"添加点"
按钮,如图4-129所示。参照上述操作方法,为音频素材添加6个节拍点,如图4-130
所示。

图 4-128　　　　　　　図 4-129　　　　　　　图 4-130

步骤03 在时间线区域选中第1段素材,点击底部工具栏中的"变速"按钮⏱,如图
4-131所示。打开变速选项栏,点击其中的"常规变速"按钮📈,在底部浮窗中将其
数值设置为1.5×,并点击按钮✓保存操作,如图4-132和图4-133所示。

图 4-131　　　　　　　图 4-132　　　　　　　图 4-133

步骤04 在时间线区域选中第1段素材,将时间轴移动至视频画面中人物回头的位
置,点击底部工具栏中的"定格"按钮▣,如图4-134所示。

步骤05 在时间线区域选中衔接在定格片段后的素材,点击底部工具栏中的"删除"
按钮▣,将素材删除,如图4-135所示。

步骤06 在时间线区域选中衔接在定格片段之前的素材,将左侧的白色边框向右拖
动,将素材缩短,使其尾端与音频的第1个节拍点对齐,如图4-136所示。参照上述
操作方法,将定格片段缩短至0.5s。

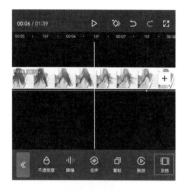

图 4-134

图 4-135

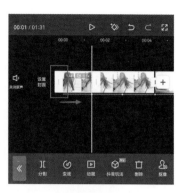

图 4-136

步骤07 在时间线区域选中第1段素材，点击底部工具栏中的"滤镜"按钮，如图4-137所示，打开"滤镜"选项栏，选择"黑白"选项中的"默片"滤镜，并点击按钮保存操作，如图4-138所示。

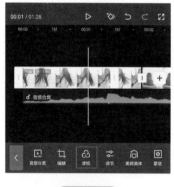

图 4-137

图 4-138

步骤08 在时间线区域点击按钮＋，如图4-139所示。进入素材添加界面点击切换至素材库选项，在搜索栏中输入关键词"冲击波特效"，点击"搜索"按钮，在搜索出的素材中选择图4-140中的选项，并点击"添加"按钮将其添加至剪辑项目中。

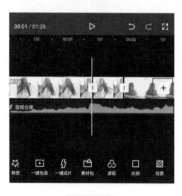

图 4-139

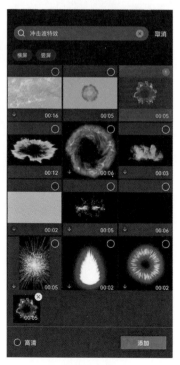

图 4-140

步骤09 在时间线区域选中冲击波素材，点击底部工具栏中的"切画中画"按钮，如图4-141所示。再参照步骤03的操作方法将素材的播放速度设置为6倍，并在轨道中将其移动至第1段素材和定格片段的中间位置，使其尾端和定格片段的尾端对齐，然后点击底部工具栏中的"混合模式"按钮，如图4-142所示。

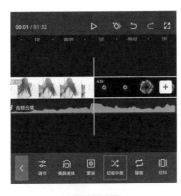 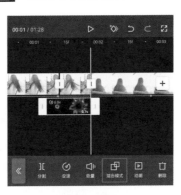

图4-141　　　　　　　　　图4-142

步骤10 打开"混合模式"选项栏，选择其中的"滤色"效果，并点击按钮保存操作，如图4-143所示。在预览区域将冲击波素材放大，使其将画面中的人物笼罩，如图4-144所示。

图4-143　　　　　　　　　图4-144

步骤11 参照步骤03至步骤10的操作方法为余下的素材制作变色效果。完成所有操作后，即可点击界面右上角的"导出"按钮，将视频保存至相册。

实例046　关键帧卡点——氛围感人物大片

　　关键帧卡点短视频的制作方法非常简单，只要使画面的转换和音乐的节拍点相匹配，然后再为每段素材加上关键帧动画即可。下面将介绍具体的制作方法，效果如图4-145所示。

扫码看视频
实例046

图 4-145

步骤01 打开剪映，在素材添加界面选择17段视频素材添加至剪辑项目中。在未选中任何素材的状态下点击底部工具栏中的"音频"按钮，如图4-146所示。打开音频选项栏，点击其中的"抖音收藏"按钮，如图4-147所示。在收藏列表中选择图4-148中的音乐，点击"使用"按钮将其添加至剪辑项目中。

图 4-146

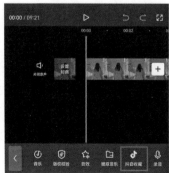

图 4-147

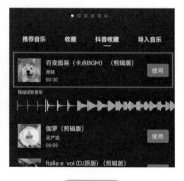

图 4-148

步骤02 在时间线区域选中音乐素材，点击底部工具栏中的"踩点"按钮，如图4-149所示。在底部浮窗中点击"自动踩点"按钮，选择"踩节拍Ⅱ"选项，并点击按钮保存操作，如图4-150所示。

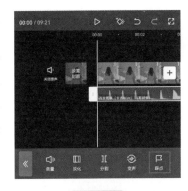

图 4-149

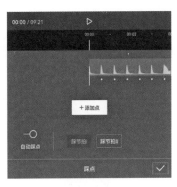

图 4-150

步骤03 将时间轴移动至第2个节拍点的位置，选中第1段素材，点击底部工具栏中的"分割"按钮，再点击"删除"按钮，将多余的素材删除，如图4-151和图4-152所示。

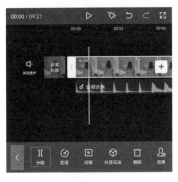

图 4-151

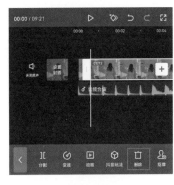

图 4-152

步骤04 参照步骤03的操作方法，根据音乐素材上的节拍点，对余下的视频素材进行处理。将时间轴移动至视频的起始位置，选中第1段素材，在预览区域中，双指相向滑动，将画面缩小，点击界面中的按钮，添加一个关键帧，如图4-153所示。

步骤05 将时间轴移动至第1段素材的结尾处，在预览区域中，双指背向滑动，将画面放大，此时剪映会自动在时间轴所在的位置再打上一个关键帧，如图4-154所示。

图 4-153

图 4-154

步骤06 参照步骤04和步骤05的操作方法为第2～6段素材添加关键帧。将时间轴移动至第7段素材的起始位置，选中素材，点击界面中的按钮◇，添加一个关键帧，如图4-155所示。

步骤07 将时间轴移动至第7段素材的结尾处，在预览区域中，双指相向滑动，将画面缩小，此时剪映会自动在时间轴所在的位置再打上一个关键帧，如图4-156所示。

图 4-155

图 4-156

步骤08 参照步骤06和步骤07的操作方法为第7～17段素材添加关键帧。将时间轴移动至视频的结尾处，选中音乐素材，点击底部工具栏中的"分割"按钮I，再点击"删除"按钮□，将多余的音乐素材删除，如图4-157和图4-158所示。

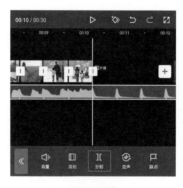
图 4-157

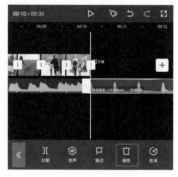
图 4-158

步骤09 完成所有操作后，即可点击界面右上角的"导出"按钮，将视频保存至相册。

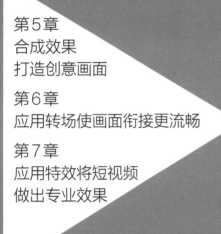

进阶篇

第5章

合成效果打造创意画面

在制作短视频的时候，用户可以在剪映中使用蒙版、画中画和色度抠图等工具来制作合成效果，这样能够让短视频更加炫酷、精彩，比如常见的人物分身合体和穿越时空效果。本章将介绍一下剪映常用的合成方法，帮助读者制作更加有吸引力的短视频。

实例047 分身合体——人物分身合体效果

人物分身合体效果主要使用剪映的"画中画""定格""智能抠像"这三大功能制作而成。下面将介绍具体的操作方法，效果如图5-1所示。

扫码看视频
实例047

图 5-1

步骤01 打开剪映，在素材添加界面选择一段人物走路的视频素材添加至剪辑项目中。将时间轴移动至想要定格的位置，选中素材，点击底部工具栏中的"定格"按钮回，如图5-2所示。

步骤02 在时间线区域选中定格片段，点击底部工具栏中的"切画中画"按钮，并将其移动至主视频轨道的下方，如图5-3和图5-4所示。

图 5-2　　　　　图 5-3　　　　　图 5-4

步骤03 参照上述操作方法，制作第2和第3个定格片段，使第2个定格片段的尾端与主视频轨道中的第2段素材的尾端对齐，第3个定格片段的尾端与主视频轨道中的第3段素材的尾端对齐，如图5-5和图5-6所示。

图 5-5　　　　　图 5-6

步骤04 在时间线区域选中第一个定格片段，点击底部工具栏中的"抠像"按钮，如图5-7所示。打开抠像选项栏，点击其中的"智能抠像"按钮，如图5-8所示。

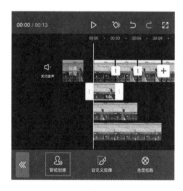

图 5-7　　　　　图 5-8

步骤05 在时间线区域选中第2个定格片段，点击底部工具中的"智能抠像"按钮，执行操作后，预览区域将出现两个人物，如图5-9所示。

步骤06 在时间线区域选中第3个定格片段，点击底部工具中的"智能抠像"按钮，执行操作后，预览区域将出现4个人物，如图5-10所示。

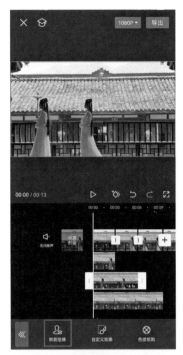

图 5-9

图 5-10

步骤07 完成所有操作后再为视频添加一首合适的背景音乐，即可点击界面右上角的"导出"按钮，将视频保存至相册。

提示

在剪辑视频时，一个视频轨道通常只能显示一个画面，两个视频轨道就能制作成两个画面同时显示的画中画特效。如果要制作多画面的画中画，需要用到多个视频轨道。

实例048 宇宙行车——夜间行车的星空特效

宇宙行车效果主要使用剪映的"画中画""混合模式""蒙版"这三大功能制作而成。下面将介绍具体的操作方法，效果如图5-11所示。

扫码看视频
实例048

图 5-11

步骤01 打开剪映，进入素材添加界面点击切换至素材库选项，如图5-12所示。在搜索栏中输入关键词"夜间行车"，点击"搜索"按钮，如图5-13所示。在搜索出的素材中选择图5-14中的选项，并点击界面右下角的"添加"按钮将其添加至剪辑项目中。

图 5-12

图 5-13

图 5-14

步骤02　在未选中任何素材的状态下，点击底部工具
栏中的"画中画"按钮▣，再点击"新增画中画"按
钮➕，如图5-15和图5-16所示，进入素材添加界面，
参照步骤01的操作方法，在素材库中选择图5-17中的
宇宙素材将其添加至剪辑项目中。

图 5-15　　　　　图 5-16　　　　　图 5-17

步骤03　在时间线区域
选中宇宙素材，在预览
区域将其放大，使其将
画面全部覆盖，再点击
底部工具栏中的"混合
模式"按钮▣，如图
5-18所示。打开混合模
式选项栏，选择其中的
"滤色"效果，并点击
按钮✓保存操作，如图
5-19所示。

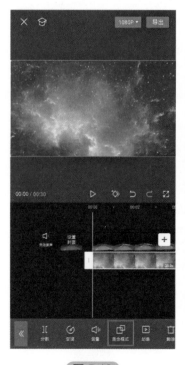

图 5-18　　　　　图 5-19

步骤04 在时间线区域选中宇宙素材，点击底部工具栏中的"蒙版"按钮 ⊘ ，如图5-20所示，打开蒙版选项栏，选择其中的"线性"蒙版，在预览区域将蒙版移动至公路的尽头，拖动按钮 ❯ 为蒙版添加羽化效果，并点击按钮 ✓ 保存操作，如图5-21所示。

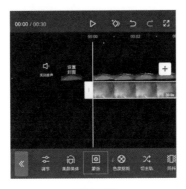

图 5-20

图 5-21

步骤05 将时间轴移动至公路视频的尾端，选中宇宙素材，点击底部工具栏中的"分割"按钮 ，再点击"删除"按钮 ，如图5-22和图5-23所示，将多余的素材删除。

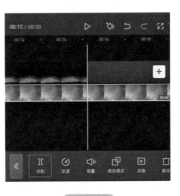

图 5-22

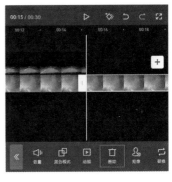

图 5-23

步骤06 完成所有操作后，即可点击界面右上角的"导出"按钮，将视频保存至相册。

 提示

在添加画中画素材后，针对一些地平线不太明显的情况，如果想让两个画面的衔接处更加自然，可以在为素材添加"线性"蒙版后调整羽化值，使过渡更加自然。

实例049　傲雪红梅——别具一格的窗外雪景

　　傲雪红梅效果主要使用剪映的"画中画""色度抠图""HSL"这三大功能制作而成。下面将介绍具体的操作方法，效果如图5-24所示。

图 5-24

● 步骤01　打开剪映，进入素材添加界面点击切换至素材库选项，如图5-25所示，在搜索栏中输入关键词"红梅"，点击"搜索"按钮，如图5-26所示，在搜索出的素材中选择图5-27中的选项。

扫码看视频
实例049

图 5-25

图 5-26

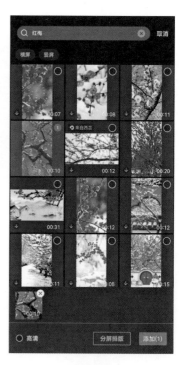

图 5-27

步骤02 在未选中任何素材的状态下，点击底部工具
栏中的"画中画"按钮![画中画]，再点击"新增画中画"按
钮![加]，如图5-28和图5-29所示。进入素材添加界面，
参照步骤01的操作方法，在素材库中选择图5-30中的
窗户素材将其添加至剪辑项目中。

图 5-28

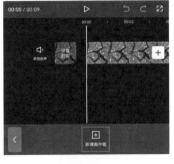

图 5-29

图 5-30

步骤03 在时间线区域选中窗户素材，点击底部工具栏中的"色度抠图"按钮![色度抠图]，
如图5-31所示。在预览区域将取色器移动至绿幕区域，如图5-32所示。再在底部浮
窗中点击"强度"按钮![强度]，滑动滑块将其数值设置为36，并点击按钮![勾]保存操作，
如图5-33所示。

图 5-31

图 5-32

图 5-33

步骤04 在时间线区域选中窗户素材，点击底部工具栏中的"调节"按钮，如图
5-34所示。打开调节选项栏，点击其中的"HSL"图标，如图5-35所示。在HSL选项
栏中选择绿色选项，将其饱和度的数值设置为-100，如图5-36所示。

图 5-34

图 5-35

图 5-36

步骤05 完成所有操作后，即可点击界面右上角的"导出"按钮，将视频保存至相册。

提示

剪映素材库中的素材会经常进行更新和重新归类，素材的名称有时也会有所变
动，用户可以在素材库中仔细寻找，通常都能找到合适的素材文件。

实例050　时空穿越——人物穿越时空效果

时空穿越效果主要使用剪映的"画中画""关键帧""蒙版"这三大功能制作而成。
下面将介绍具体的操作方法，效果如图5-37所示。

扫码看视频
实例050

图 5-37

步骤01 打开剪映，在素材添加界面选择一段女孩奔跑和一段情侣的视频素材添加至剪辑项目中。在时间线区域选中情侣的视频素材，点击底部工具栏中的"切画中画"按钮，如图5-38所示。执行操作后，将其移动至女孩奔跑素材的下方，如图5-39所示。

图 5-38

图 5-39

步骤02 在时间线区域选择情侣素材，点击底部工具栏中的"蒙版"按钮，如图5-40所示。打开蒙版选项栏，选择其中的"线性"蒙版，在预览区域将蒙版顺时针旋转108°，并拖动按钮，将蒙版羽化，如图5-41所示。

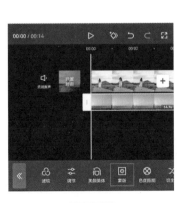

图 5-40

图 5-41

步骤03 在预览区域将
蒙版移动至画面的右下
角，并点击按钮☑保存
操作，如图5-42所示；
再在预览区域点击按钮
◈，打上一个关键帧，
如图5-43所示。

步骤04 将时间轴移动
至视频12s的位置，在选
中情侣素材的状态下点
击底部工具栏中的"蒙
版"按钮⊘，如图5-44
所示。打开蒙版选项栏，
在预览区域将蒙版移动
至画面的左上角，并点
击按钮☑保存操作，如
图5-45所示。剪映将会
自动在时间轴所在的位
置打上一个关键帧，如
图5-46所示。

图 5-42

图 5-43

图 5-44

图 5-45

图 5-46

步骤05 完成所有操作后再为视频添加一首合适的背景音乐，即可点击界面右上角的"导出"按钮，将视频保存至相册。

实例051 鲸鱼飞天——唯美的海上鲸鱼

鲸鱼飞天效果主要使用剪映的"画中画""混合模式"这两大功能制作而成。下面将介绍具体的操作方法，效果如图5-47所示。

扫码看视频
实例051

图 5-47

步骤01 打开剪映，在素材添加界面选择一段海景的视频素材添加至剪辑项目中。在未选中任何素材的状态下，点击底部工具栏中的"画中画"按钮 ，再点击"新增画中画"按钮 ，如图5-48和图5-49所示。

图 5-48

图 5-49

步骤02 进入素材添加界面点击切换至素材库选项，如图5-50所示。在搜索栏中输入关键词"鲸鱼"，点击"搜索"按钮，如图5-51所示。在搜索出的鲸鱼素材中选择图5-52中的视频素材，并点击界面右下角的"添加"按钮将其添加至剪辑项目中。

图 5-50

图 5-51

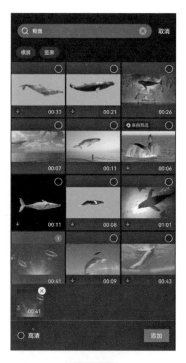

图 5-52

步骤03 在时间线区域选中鲸鱼素材，点击底部工具栏中的"混合模式"按钮，如图5-53所示。打开混合模式选项栏，选择其中的"滤色"效果，并点击按钮保存操作，如图5-54所示。

图 5-53

图 5-54

步骤04 将时间轴移动至海景素材的尾端，选中鲸鱼素材，点击底部工具栏中的"分割"按钮 ▮▮，再点击"删除"按钮 ▯，将多余的素材删除，如图5-55和图5-56所示。

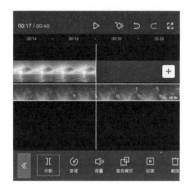
图 5-55

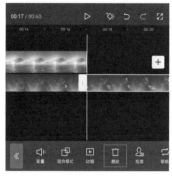
图 5-56

步骤05 完成所有操作后再为视频添加一首合适的背景音乐，即可点击界面右上角的"导出"按钮，将视频保存至相册。

实例052　唯美烟花——制作新年烟花特效

新年烟花特效主要使用剪映的"画中画""速度抠图"和"混合模式"这三大功能制作而成，下面将介绍具体的操作方法，效果如图5-57所示。

扫码看视频
实例052

图 5-57

步骤01 打开剪映，进入素材添加界面点击切换至素材库选项，在素材库中选择黑场素材，并点击界面右下角的"添加"按钮将其添加至剪辑项目中，如图5-58所示。在未选中任何素材的状态下，点击底部工具栏中的"背景"按钮 ▨，如图5-59所示。打开背景选项栏，点击其中的"画布颜色"按钮 ▧，如图5-60所示。在颜色选项栏中选择红色，并点击按钮 ✓ 保存操作，如图5-61所示。

图 5-58

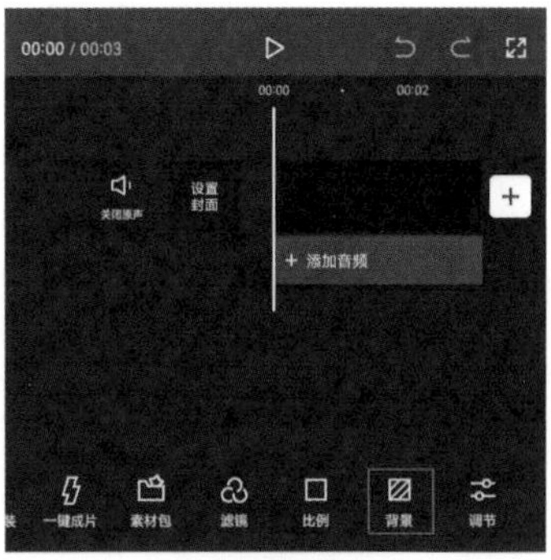

图 5-59

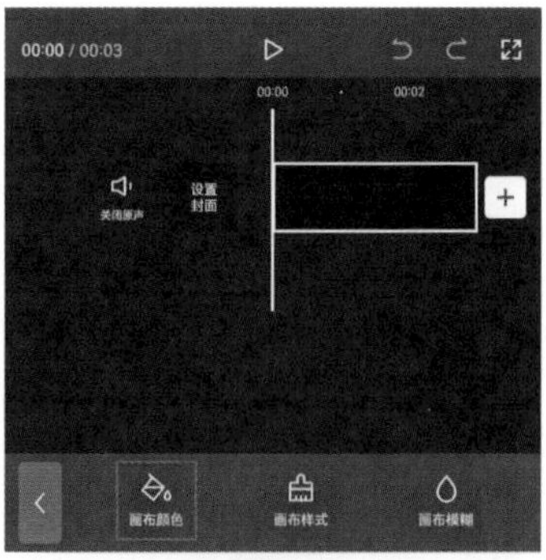

图 5-60

图 5-61

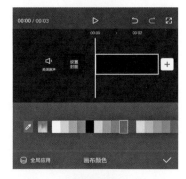

步骤02 在时间线区域选中黑场素材，在预览区域将素材移动至画面之外，如图5-62所示。

步骤03 在未选中任何素材的状态下，点击底部工具栏中的"文字"按钮 **T**，如图5-63所示。打开文字选项栏，点击其中的"新建文本"按钮 **A+**，如图5-64所示。

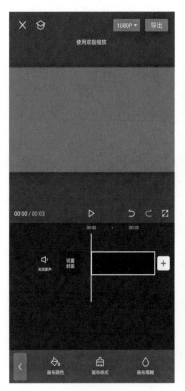

图 5-62

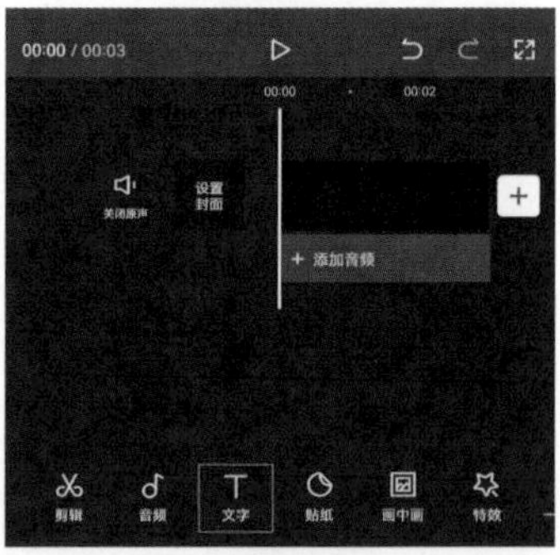

图 5-63

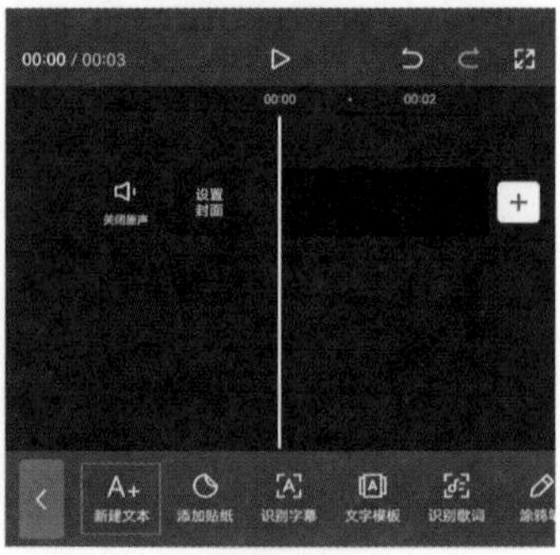

图 5-64

步骤04 在文本框中输入需要添加的文字内容,并在"字体"选项栏中选择"大字报"字体,如图5-65所示。点击切换至"样式"选项栏,在"阴影"选项中将颜色设置为黑色,并将透明度设置为100,如图5-66所示。再在排列选项中将字间距的数值设置为2,如图5-67所示。

图 5-65

图 5-66

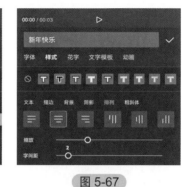

图 5-67

步骤05 在时间线区域选中文字素材,点击底部工具栏中的"复制"按钮 🗐,如图5-68所示。选中复制的文字素材,点击底部工具栏中的"编辑"按钮 Aa,如图5-69所示。

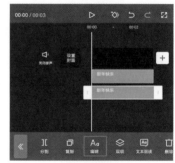

图 5-68

图 5-69

步骤06 在文本框中将文字修改为新的文案内容,如图5-70所示。在预览区域将其缩小并置于"新年快乐"字幕的上方,如图5-71所示。完成上述操作后点击界面右上角的"导出"按钮,将视频保存至相册。

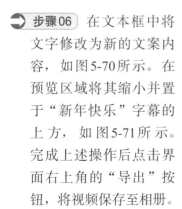

图 5-70

图 5-71

步骤07 打开剪映，进入素材添加界面点击切换至素材库选项，如图5-72所示，在搜索栏中输入关键词"烟花"，点击"搜索"按钮，如图5-73所示。在搜索出的素材中选择合适的选项，如图5-74所示，并点击"添加"按钮将其添加至剪辑项目中。

图 5-72　　　　　　　图 5-73　　　　　　　图 5-74

步骤08 在未选中任何素材的状态下点击底部工具栏中的"画中画"按钮，再点击"新增画中画"按钮，如图5-75和图5-76所示，进入素材添加界面，将刚刚导出的文字素材添加至剪辑项目中。

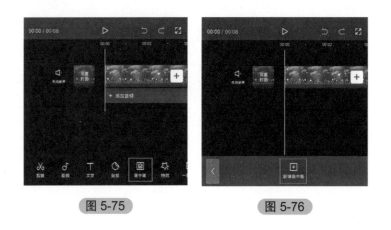

图 5-75　　　　　　　图 5-76

步骤09 在时间线区域选中文字素材，点击底部工具栏中的"定格"按钮▣，如图
5-77所示。再选中衔接在定格片段后的素材，点击底部工具栏中的"删除"按钮▢，
将其删除，如图5-78所示。

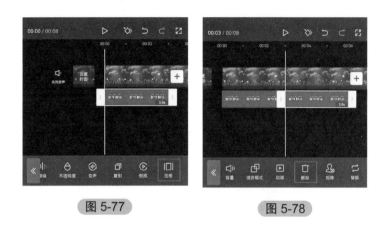

图 5-77　　　　　　　　　　图 5-78

步骤10 在时间线区域选中定格片段，点击底部工具栏中的"色度抠图"按钮⊛，
如图5-79所示。在预览区域将取色器移动至红色区域，如图5-80所示。再在底部浮
窗中点击"强度"按钮▣，滑动滑块将其数值设置为100，并点击按钮✔保存操作，
如图5-81所示。

图 5-79　　　　　　　　图 5-80　　　　　　　　图 5-81

步骤11 在时间线区域选中文字素材，点击底部工具栏中的"混合模式"按钮，如图5-82所示。打开混合模式选项栏，选择其中的"叠加"效果，并点击按钮保存操作，如图5-83所示。

图 5-82　　　　　图 5-83

步骤12 在时间线区域选中文字素材，点击底部工具栏的"复制"按钮，如图5-84所示。在轨道区域复制一段一模一样的素材，并将其移动至原素材的下方，如图5-85所示。

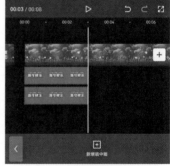

图 5-84　　　　　图 5-85

步骤13 在时间线区域选中第1段文字素材，将其右侧的白色边框向右拖动，使其尾端和文字素材的尾端对齐，如图5-86所示。参照上述操作方法，调整第2段文字素材的持续时长，使其尾端和素材的尾端对齐，如图5-87所示。

图 5-86　　　　　图 5-87

步骤14 完成所有操作后再为视频添加"新年烟花"和"新年快乐欢呼声"的音效，即可点击界面右上角的"导出"按钮，将视频保存至相册。

实例053　影子分身——制作影子分身效果

影子分身效果主要使用剪映的"画中画""智能抠像""关键帧""不透明度"这四大功能制作而成。下面将介绍具体的操作方法，效果如图5-88所示。

扫码看视频
实例053

图 5-88

步骤01 打开剪映，在素材添加界面选择一段视频素材添加至剪辑项目中。在时间线区域选中视频素材，点击底部工具栏中的"变速"按钮 ⓒ，如图5-89所示，打开变速选项栏，点击其中的"常规变速"按钮 ⤢，如图5-90所示，在底部浮窗中滑动变速滑块，将数值设置为0.5×，并点击按钮 ✓ 保存操作，如图5-91所示。

图 5-89

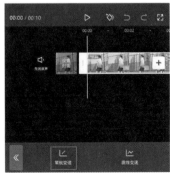

图 5-90

图 5-91

步骤02 在时间线区域选中素材，点击底部工具栏中的"复制"按钮 ，在轨道区域复制一段一模一样的视频素材，如图5-92和图5-93所示。

图 5-92

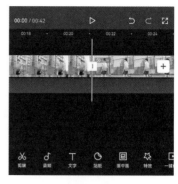

图 5-93

步骤03 在时间线区域选中复制出的视频素材，点击底部工具栏中的"切画中画"按钮，将素材移动至原素材的下方，如图5-94和图5-95所示。

图 5-94

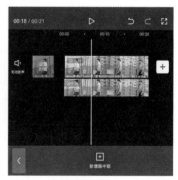

图 5-95

步骤04 将时间轴移动至视频的2s处，选中画中画素材，点击底部工具栏中的"分割"按钮，如图5-96所示。再选中分割出的前半段素材，点击底部工具栏中的"删除"按钮，将其删除，如图5-97所示。

图 5-96

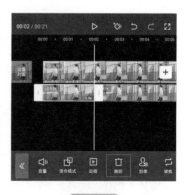

图 5-97

步骤05 在时间线区域选中画中画素材，点击底部工具栏中的"抠像"按钮，如图5-98所示。打开抠像选项栏，点击其中的"智能抠像"按钮，如图5-99所示。

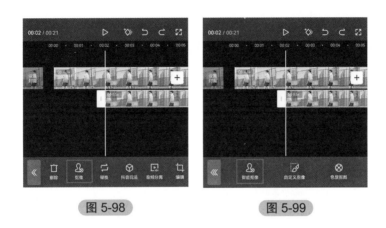

图 5-98   图 5-99

步骤06 将时间轴移动至画中画素材的起始位置，点击界面中的按钮，打上一个关键帧，如图5-100所示。再将时间轴移动至视频的3s处，在预览区域将画中画素材移动至画面的右侧，剪映将自动在时间轴的这个位置打上一个关键帧，如图5-101所示。

图 5-100   图 5-101

步骤07 在选中画中画素材的状态下，点击底部工具栏中的"不透明度"按钮 ⊖，如图5-102所示。在底部浮窗中滑动不透明度滑块，将其数值设置为50，并点击按钮 ✓ 保存操作，如图5-103所示。

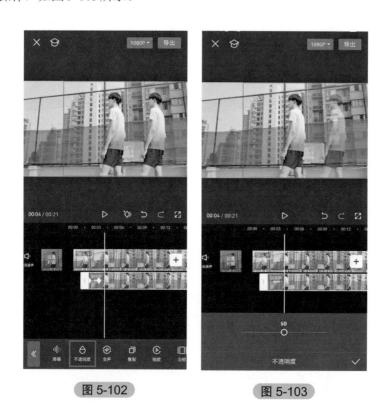

图 5-102　　　　　　　图 5-103

步骤08 将时间轴移动至画中画素材的起始位置，在未选中任何素材的状态下点击底部工具栏中的"特效"按钮 ✨，如图5-104所示。打开特效选项栏，点击其中的"画面特效"按钮 ▦，如图5-105所示。打开画面特效选项栏，选择氛围选项中的"星火炸开"特效，并点击按钮 ✓ 保存操作，如图5-106所示。

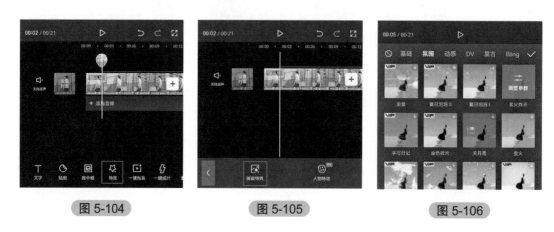

图 5-104　　　　　　图 5-105　　　　　　图 5-106

步骤09 在选中特效素材的状态下，点击底部工具栏中的"作用对象"按钮◈，如图5-107所示。在选项栏中选择"画中画"选项，并点击按钮✓保存操作，如图5-108所示。

图 5-107

图 5-108

步骤10 将时间轴移动至视频的6s处，参照步骤04的操作方法，对视频素材和画中画素材进行剪辑，如图5-109所示。

步骤11 在时间线区域选中特效素材，将右侧的白色边框向右拖动，使其尾端和画中画素材的尾端对齐，如图5-110所示。

图 5-109

图 5-110

步骤12 完成所有操作后再为视频添加一首合适的背景音乐，即可点击界面右上角的"导出"按钮，将视频保存至相册。

实例054 照片拼图——镜面蒙版合成写真照

照片拼图效果主要使用剪映的"画中画""蒙版""动画"这三大功能制作而成。下面将介绍具体的操作方法，效果如图5-111所示。

扫码看视频
实例054

图 5-111

步骤01　打开剪映，在
素材添加界面选择一张
个人写真照添加至剪辑
项目中。在未选中任何
素材的状态下点击底部
工具栏中的"比例"按
钮■，如图5-112所示。
打开比例选项栏，选择
其中的"9：16"选项，
并点击按钮☑保存操
作，如图5-113所示。

图 5-112

图 5-113

➡️ **步骤02** 在时间线区域选中"编辑"按钮 ▢，如图
5-114所示。打开编辑选项栏，点击其中的"裁剪"按
钮 ▢，如图5-115所示。打开裁剪选项栏，选择其中的
"9：16"选项，并点击按钮 ✓ 保存操作，如图5-116
所示。

图 5-114

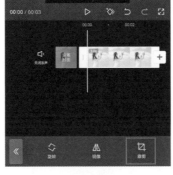

图 5-115

图 5-116

➡️ **步骤03** 在未选中任何素材的状态下点击底部工具栏
中的"音频"按钮 ♪，如图5-117所示。打开音频选项
栏，点击其中的"音乐"按钮 ♪，如图5-118所示。进
入剪映的音乐素材库，在"卡点"选项里选择图5-119
中的音乐，点击"使用"按钮，将其添加至剪辑项
目中。

图 5-117

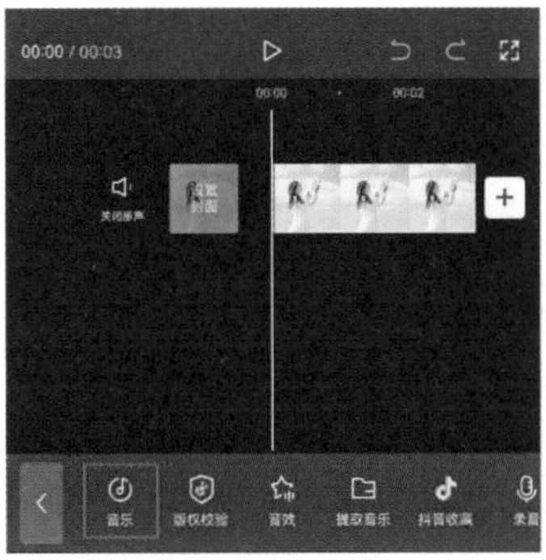

图 5-118

图 5-119

步骤04 在时间线区域选中音乐素材，点击底部工具栏中的"踩点"按钮，如图5-120所示，在踩点选项栏中点击"自动踩点"按钮，选择"踩节拍Ⅱ"选项，并点击按钮保存操作，如图5-121所示。

图 5-120

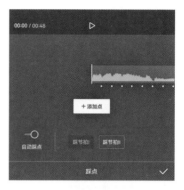

图 5-121

步骤05 将时间轴移动至第16个节拍点的位置，选中音乐素材，点击底部工具栏中的"分割"按钮，再点击"删除"按钮，如图5-122和图5-123所示。在时间线区域选中图像素材，将其右侧的白色边框向右拖动，使图像素材的尾端和音乐素材的尾端对齐，如图5-124所示。

图 5-122

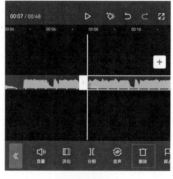

图 5-123

图 5-124

步骤06 将时间轴移动至第10个节拍点的位置，选中图像素材，点击底部工具栏中的"分割"按钮，如图5-125所示。再在时间线区域选中分割出的前半段素材，点击底部工具栏中的"复制"按钮，如图5-126所示。

图 5-125

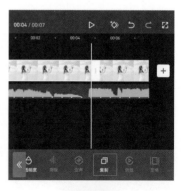

图 5-126

步骤07 在时间线区域选中复制的素材,点击底部工具栏中的"切画中画"按钮 ,如图5-127所示,并将其移动至原素材的下方,使其前端与音乐素材的第2个节拍点对齐,如图5-128所示。

图 5-127

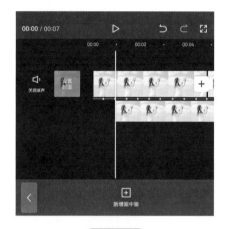

图 5-128

步骤08 参照步骤06和步骤07的操作方法再复制两段素材,并使其分别和音乐素材的第4个和第6个节拍点对齐,如图5-129所示。

步骤09 将时间轴移动至主视频轨道中第1段素材的尾端,选中第1段画中画素材,将其右侧的白色边框向左拖动,使其尾端和第1段素材的尾端对齐,如图5-130所示。

步骤10 参照步骤09的操作方法对余下两段画中画素材进行裁剪,如图5-131所示。

图 5-129

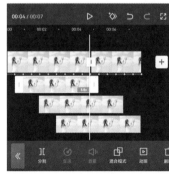

图 5-130

图 5-131

步骤11 在时间线区域选中主视频轨道中的第1段素材，点击底部工具栏中的"蒙版"按钮⚪，如图5-132所示。打开蒙版选项栏，选择其中的"镜面"蒙版，在预览区域调整好蒙版的大小和位置，并点击按钮☑保存操作，如图5-133所示。

图 5-132　　　　　　　　　图 5-133

步骤12 参照步骤11的操作方法为画中画素材添加蒙版，如图5-134～图5-136所示。

图 5-134　　　　　　　图 5-135　　　　　　　图 5-136

步骤13 在时间线区域选中主视频轨道中的第1段素材，点击底部工具栏中的"动画"
按钮 ▶️，如图5-137所示。打开动画选项栏，在"入场动画"选项栏中选择"向右下
甩入"效果，将动画时长设置为0.6s，并点击按钮 ✅ 保存操作，如图5-138所示。为
画中画素材添加"向右下甩入"的入场动画，为主视频轨道中的第2段素材添加"上
下抖动"的入场动画。

图 5-137

图 5-138

步骤14 将时间轴移动至主视频轨道中第2段素材的起始位置，在未选中任何素材的
状态下点击底部工具栏中的"特效"按钮 ✨，如图5-139所示。打开特效选项栏，点
击其中的"画面特效"按钮 🖼️，如图5-140所示，打开画面特效选项栏，选择"氛
围"选项中的"星河"特效，并点击按钮 ✅ 保存操作，如图5-141所示。

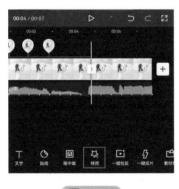

图 5-139

图 5-140

图 5-141

步骤15 完成所有操作后即可点击界面右上角的"导出"按钮，将视频保存至相册。

实例055　AI绘画——一键开启AI世界

　　AI绘画效果主要使用剪映的"画中画""抖音玩法""混合模式""特效"这四大功能制作而成。下面将介绍具体的操作方法，效果如图5-142所示。

扫码看视频
实例055

图 5-142

步骤01 打开剪映，在素材添加界面选择一张个人写真照添加至剪辑项目中。在时间线区域选中素材，点击底部工具栏中的"编辑"按钮 ，如图5-143所示。打开编辑选项栏，点击其中的"裁剪"按钮，如图5-144所示。在裁剪选项栏中选择"16∶9"选项，并点击按钮✓保存操作，如图5-145所示。

图 5-143

图 5-144

图 5-145

➡ **步骤02** 在时间线区域选中素材，点击底部工具栏中的"复制"按钮，在轨道中复制一段一模一样的素材，如图5-146和图5-147所示。

图 5-146　　　　　　图 5-147

➡ **步骤03** 在时间线区域选中第1段素材，将其右侧的白色边框向右拖动，使素材的时长延长至4.3s，如图5-148所示。参照上述操作方法，将第2段素材的时长延长至6.3s，如图5-149所示。

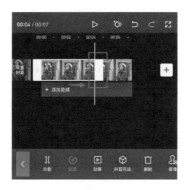

图 5-148　　　　　　图 5-149

➡ **步骤04** 在时间线区域选中第2段素材，点击底部工具栏中的"抖音玩法"按钮，如图5-150所示。在选项栏中选择"精灵"效果，并点击按钮✓保存操作，如图5-151所示。

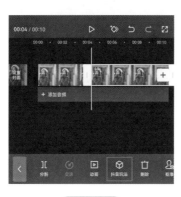

图 5-150

图 5-151

步骤05　将时间轴移动至第2段素材的起始位置，点击底部工具栏中的"画中画"按钮 ，再点击"新增画中画"按钮 ，如图5-152和图5-153所示。

图 5-152

图 5-153

步骤06　进入素材添加界面并点击切换至素材库选项，如图5-154所示。在搜索栏中输入关键词"花瓣飘落"，点击"搜索"按钮，如图5-155所示。在搜索出的素材中选择图5-156中的选项，并点击界面右下角的"添加"按钮将其添加至剪辑项目中。

图 5-154

图 5-155

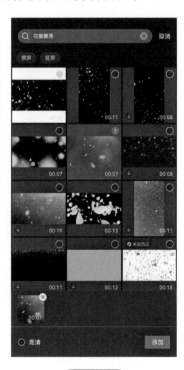
图 5-156

步骤07　在时间线区域选中花瓣素材，并在预览区域调整好素材的大小，使其将画面全部覆盖，点击底部工具栏中的"混合模式"按钮 ，如图5-157所示。打开混合模式选项栏，选择其中的"滤色"效果，并点击按钮 保存操作，如图5-158所示。执行操作后参照步骤03的操作方法对花瓣素材进行裁剪，使其尾端和视频的尾端对齐，如图5-159所示。

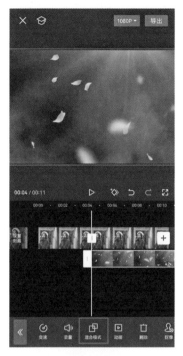

图 5-157

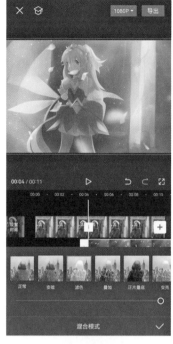

图 5-158

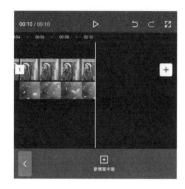

图 5-159

步骤08 将时间轴移动至视频的起始位置，选中第1段素材，点击界面中的按钮 ◇，打一个关键帧，如图5-160所示，再将时间轴移动至素材的尾端，在预览区域双指背向滑动，将画面放大，剪映将会自动在时间轴所在的位置打上关键帧，如图5-161所示。

图 5-160

图 5-161

步骤09 将时间轴移动至视频的起始位置，在未选中任何素材的状态下，点击底部工具栏中的"特效"按钮🌟，如图5-162所示。打开特效选项栏，点击其中的"画面特效"按钮🖼，如图5-163所示。

图 5-162

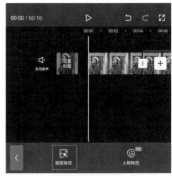

图 5-163

步骤10 打开画面特效选项栏，选择"基础"选项中的"模糊开幕"特效，并点击按钮✔保存操作，如图5-164所示。执行操作后，参照步骤03的方法将特效素材延长，使其尾端和第1段素材的尾端对齐，如图5-165所示。

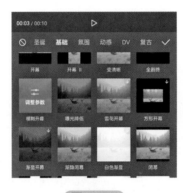

图 5-164

图 5-165

步骤11 在时间线区域点击第1段素材和第2段素材中间的按钮🔳，如图5-166所示，打开转场选项栏，选择"光效"选项中的"泛白"效果，并点击按钮✔保存操作，如图5-167所示。

图 5-166

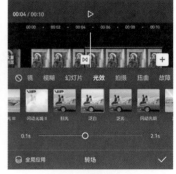

图 5-167

步骤12 完成所有操作后再为视频添加一首合适的背景音乐，即可点击界面右上角的"导出"按钮，将视频保存至相册。

提示

转场可以在视频素材之间创建某种过渡效果，让素材之间的过渡更加生动，使视频片段之间的播放效果更加流畅。

实例056 魔法变身——人物荧光线描效果

荧光线描效果主要使用剪映的"画中画""智能抠像""特效""动画"这四大功能制作而成。下面将介绍具体的操作方法，效果如图5-168所示。

扫码看视频
实例056

图 5-168

步骤01 打开剪映，在素材添加界面选择一张图像素材添加至剪辑项目中。将时间轴移动至视频的2s处，点击底部工具栏中的"分割"按钮❚❙，如图5-169所示。执行操作后，选中分割出来的前半段素材，点击底部工具栏中的"复制"按钮🗐，如图5-170所示。

图 5-169

图 5-170

步骤02 在时间线区域选中复制的素材，点击底部工具栏中的"切画中画"按钮X，并将其移动至原素材的下方，如图5-171和图5-172所示。

图 5-171

图 5-172

步骤03 在时间线区域选中画中画素材，点击底部工具栏中的"混合模式"按钮，如图5-173所示。打开混合模式选项栏，选择其中的"滤色"效果，并点击按钮✓保存操作，如图5-174所示。

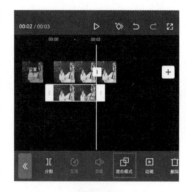

图 5-173

图 5-174

步骤04 将时间轴移动至视频的起始位置，点击底部工具栏中的"特效"按钮，如图5-175所示。打开特效选项栏，点击其中的"画面特效"按钮，如图5-176所示。打开画面特效选项栏，选择"漫画"选项中的"黑白漫画Ⅱ"特效，并点击按钮✓保存操作，如图5-177所示。

图 5-175

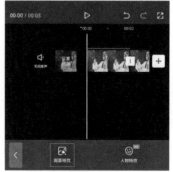

图 5-176

图 5-177

步骤05 在时间线区域选中特效素材，将其右侧白色边框向右拖动，使其特效素材的尾端和主视频轨道中第1段素材的尾端对齐，如图5-178所示。

步骤06 参照步骤04和步骤05的操作方法，为视频添加"荧光线描"特效，点击底部工具栏中的"作用对象"按钮 ⬙，如图5-179所示。在底部浮窗中选择"画中画"选项，并点击按钮 ☑ 保存操作，如图5-180所示。

图 5-178

图 5-179

图 5-180

步骤07 将时间轴移动至主视频轨道中第2段素材的起始位置，参照步骤04的操作方法为视频添加"星火炸开"特效，如图5-181所示。

步骤08 在时间线区域选中第1段素材，点击底部工具栏中的"动画"按钮 ▶，如图5-182所示。打开动画选项栏，选择"入场动画"中的"向右滑动"效果，将动画时长设置为2.0s，并点击按钮 ☑ 保存操作，如图5-183所示。

图 5-181

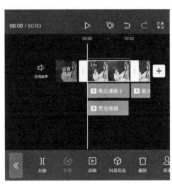

图 5-182

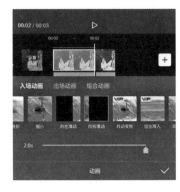

图 5-183

步骤09 在时间线区域选中第2段素材，将其右侧的白色边框向右拖动，使素材的时长延长至1.3s，如图5-184所示。参照上述操作方法，对特效素材的长度进行调整，使其尾端和第2段素材的尾端对齐，如图5-185所示。

步骤10 参照步骤01至步骤09的操作方法导入其他图像素材制作荧光线描效果，如图5-186所示。

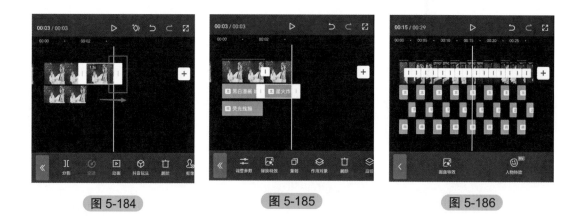

图 5-184　　　　　　　　　图 5-185　　　　　　　　　图 5-186

步骤 11　完成所有操作后再为视频添加一首合适的背景音乐，即可点击界面右上角的"导出"按钮，将视频保存至相册。

第6章

应用转场使画面衔接更流畅

转场指的是视频段落、场景间的过渡或切换。合理应用转场效果能够使画面的衔接更为自然，不仅如此，"看不见"的转场能够使观众忽略剪辑的存在，更加沉浸于故事之中，而"看得见"的转场则能使画面显得更为酷炫，给观众留下深刻的印象。本章将介绍无缝转场、水墨转场、蒙版转场等9种基础转场效果及其使用场合和应用方法。

实例057 无缝转场——婚礼纪念短片

无缝转场是最为常用的转场方法。而之所以被称为"无缝"，是因为在使用此种方法进行转场时，观众几乎感觉不到剪辑的存在。在进行剪辑的过程中，既有通过"硬切"实现的无缝转场（对拍摄素材的要求较高），也有经过后期处理实现的无缝转场。本案例将制作一则婚礼纪念短片（图6-1），对后期处理中的无缝转场进行讲解说明。

扫码看视频
实例057

图6-1

步骤01 打开剪映，在素材添加界面选择三段婚礼视频添加至剪辑项目中。在时间线区域选中第2段素材，点击底部工具栏中的"切画中画"按钮 ⤬，如图6-2所示，将其切换至第1段素材下方。

步骤02 将第2段素材的起始端移动至时间刻度00:04处，使第2段素材与第1段素材的重合时间为1s，如图6-3所示。

步骤03 在时间线区域选中第3段素材，点击底部工具栏中的"切画中画"按钮 ⤬，将其切换至第2段素材下方。将第3段素材的起始端移动至时间刻度00:08处，使第2段素材与第3段素材的重合时间也为1s，如图6-4所示。

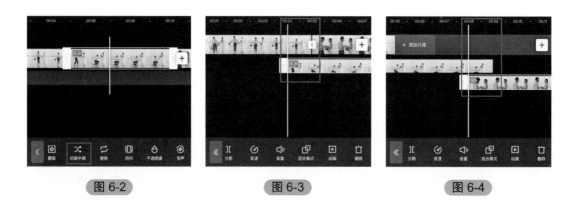

图 6-2　　　　　　　图 6-3　　　　　　　图 6-4

步骤04 在时间线区域选中第2段素材，将时间轴移动至第2段素材起始端，点击按钮 ◇，在此处打上一个关键帧，如图6-5所示。

步骤05 保持时间轴位置不动，点击底部工具栏中的"不透明度"按钮 ⬭，在底部浮窗中拖动"不透明度"滑块，将数值设置为0，如图6-6所示。

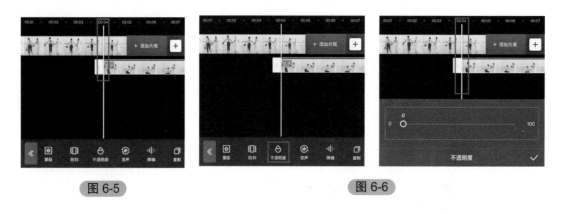

图 6-5　　　　　　　　　　　图 6-6

步骤06 使第2段素材保持选中的状态将时间轴移动至第1段素材末端，在底部浮窗中拖动"不透明度"滑块，将数值设置为100，点击右下角的按钮 ✓，以保存效果，如图6-7所示。保存效果后，此位置已经自动打上了一个关键帧，如图6-8所示。

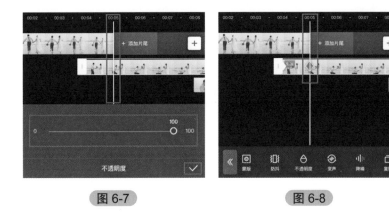

图6-7   图6-8

步骤07 采用同样的方法为第3段素材加上关键帧，并对"不透明度"进行设置。

步骤08 完成所有操作后再为视频添加一首合适的背景音乐，即可点击"导出"按钮，将视频保存至相册。

知识导读 技巧性转场与非技巧性转场

转场主要分为两种，即技巧性转场和非技巧性转场。下面将分别对这两种转场方式进行说明。

（1）技巧性转场

技巧性转场，指的是在对视频进行后期处理时，通过剪辑软件，在素材间添加各种效果，实现转场过渡的方式。本节所提供的案例都属于技巧性转场。

技巧性转场对于素材间匹配程度的要求不如非技巧性转场的高，而且大部分剪辑软件还为用户提供了很多转场预设可供使用，大大提高了剪辑效率。

（2）非技巧性转场

非技巧性转场，指的是用镜头的自然过渡来连接上下两段内容，强调视觉的连续性。非技巧性转场对于拍摄素材的要求较高，并不是任何两个镜头都适合使用此种方式进行转场。如果要使用非技巧性转场，需要注意寻找合理的转换因素，做好前期的拍摄准备。非技巧性转场有很多，下面将对较为常见的四种类型进行说明。

① 空镜头转场 空镜头中通常出现的是风景、建筑、街景、人群等，画面中没有特定的人物。这类镜头经常被放置在两个镜头之间作转场过渡，如图6-9所示。这是最常见、最基础，也是最容易操作的非技巧性转场。

图 6-9

当然，并不是随意一段风景画面都能够作为转场的空镜头使用，尤其是在制作叙事类的视频时，所选取的空镜头最好要与上下两个镜头有所关联。

② 遮挡转场　遮挡转场指的是两个镜头通过被遮挡的画面相连接，通常以画面被挡黑的形式出现，如图 6-10 所示。

图 6-10

在即将完成一个镜头的拍摄时，用一些物体将镜头挡住，获得遮挡画面。以同样的遮挡画面作为下一个镜头的开场画面，将这两个镜头组接在一起，即可获得流畅的转场效果。除了直接将镜头挡黑以外，还可以用玻璃遮挡制作模糊效果，或者配合运镜将墙壁、横梁、门框等作为遮挡物实现场景转换，如图 6-11 所示。

图 6-11

③ 相似物转场　相似物转场通常配合特写镜头出现。在一个镜头快结束时，推镜头拍摄某一物体的局部特写，然后使下一个镜头的开场画面中出现与该物体相似的物体，拉镜头将画面转换至下一个场景，从而实现场景转换，如图6-12所示。

图 6-12

④ 匹配转场　匹配转场分为镜头匹配和声音匹配两种。镜头匹配利用上下镜头间的呼应实现转场，比如画面中的人物看向画面外的某个方向，下一个镜头就出现此方向的画面内容，如图6-13所示。

图 6-13

而声音匹配则是通过声音提示的方式进行转场，比如在前一个镜头中响起了钢琴弹奏的声音，下个镜头就出现有人弹奏钢琴的画面，这样的转场符合观众的心理预期，能够使画面实现平滑过渡。

实例058　水墨转场——古风人物混剪

在很多古风类型或与传统文化有关的视频中，经常出现水墨晕染的转场效果，不仅画面美观，而且与视频主题相得益彰。本案例将制作一则"古风人物混剪"视频（图6-14），对水墨转场的应用效果进行演示说明。

扫码看视频
实例058

图 6-14

步骤01　打开剪映，在素材添加界面选择两段古风人物视频和一段水墨素材添加至剪辑项目中。在时间线区域选中第2段人物素材，点击底部工具栏中的"切画中画"按钮⚡，如图6-15所示，将其切换至第1段素材下方。

步骤02　将第2段人物素材的起始端移动至时间刻度00:07处，使第1段素材与第2段素材的重合时间为1s，如图6-16所示。

步骤03　在时间线区域选中水墨素材，点击底部工具栏中的"切画中画"按钮⚡，将其切换至第2段素材下方。将水墨素材的起始端同样移动至时间刻度00:07处，使之与第2段素材的开始端对齐，如图6-17所示。

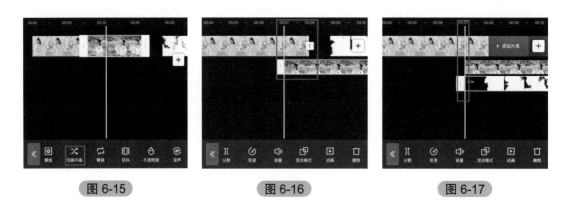

图 6-15　　　　　　　图 6-16　　　　　　　图 6-17

步骤04　选中水墨素材，点击底部工具栏中的"混合模式"按钮⚏，如图6-18所示。

步骤05　在底部弹出的浮窗中选择"变暗"模式，如图6-19所示，点击右下角的按钮✓以保存效果，此时水墨素材中的白色部分已经消失，预览区域的画面中出现了第2段人物，如图6-20所示。

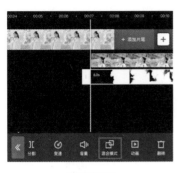

图 6-18

图 6-19

图 6-20

步骤06 为了使过渡更自然,可以对第1段素材稍做调节。选中第1段人物素材,将时间轴移动至时间刻度00:06和00:07之间,点击按钮◈,在此处添加一个关键帧,如图6-21所示。

步骤07 将时间轴移动至第1段素材的末端,在底部工具栏中点击"不透明度"按钮⬡,在底部浮窗中拖动"不透明度"滑块,将数值设置为0,点击右下角的按钮☑保存操作,如图6-22所示。此时,此位置已经自动打上了一个关键帧,如图6-23所示。

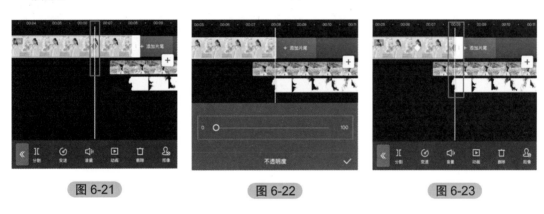

图 6-21   图 6-22   图 6-23

步骤08 完成所有操作后,再为视频添加一首合适的背景音乐,即可点击"导出"按钮,将视频保存至相册。

实例059 蒙版转场——西北旅拍大片

使用蒙版工具也能做出酷炫的转场效果。本案例将制作一则"西北旅拍"视频(图6-24),对使用蒙版制作转场效果进行讲解说明。

扫码看视频
实例059

图 6-24

🔵 **步骤01** 打开剪映，在素材添加界面选择一段汽车行驶在荒漠公路上的视频添加至
剪辑项目中。将时间轴
移动至轨道起始端，点
击底部工具栏中的"文
本"按钮**T**，点击"新
建文本"按钮**A+**，如图
6-25所示。在文字输入
框中输入文字"西北环
游记"。

图 6-25

🔵 **步骤02** 点击"字体"选项，将文本字体设置为"复古"分类下的"峰骨体"，如图
6-26所示。

🔵 **步骤03** 点击"样式"选项，然后点击"排列"选项，将"字间距"的数值设置为
10，如图6-27所示。操作完毕后，预览区的文字画面如图6-28所示，点击按钮 **✓**，
保存效果。

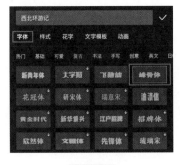

图 6-26

图 6-27

图 6-28

步骤04 在时间线区域选中文字素材，向右拖动文字轨道的右侧边框，使之位于时间刻度00:04处，如图6-29所示。

步骤05 点击底部工具栏中的"动画"按钮，点击"出场"选项，为文字素材添加持续时长为1s的"逐字虚影"出场动画，如图6-30所示，点击按钮✓，保存效果。点击"导出"按钮，将此视频保存至相册。

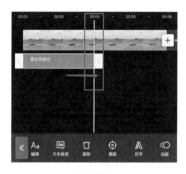

图 6-29

图 6-30

步骤06 在素材添加界面选择刚刚导出的视频和一段西北风光的视频，将它们添加至剪辑项目中。在时间线区域选中含有文字的视频素材，点击底部工具栏中的"切画中画"按钮，将其切换至另一段素材下方，将画中画素材的起始端移动至时间刻度00:02处，如图6-31所示。

步骤07 点击底部工具栏中的"蒙版"按钮，在弹出的浮窗中选择"镜面"蒙版，如图6-32所示。在预览区域调整蒙版选框的高度，使画面中间显露出文字，如图6-33所示，点击按钮✓，保存效果。

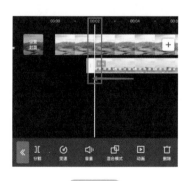

图 6-31

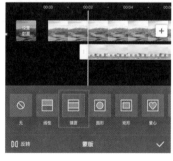

图 6-32

图 6-33

步骤08 将时间轴移动至时间刻度00:03处，点击按钮◇，在此处打上一个关键帧，如图6-34所示。然后将时间轴移动至时间刻度00:05处，点击按钮◇，在此处打上一个关键帧，如图6-35所示。

步骤09 保持时间轴位于第2个关键帧的位置，点击底部工具栏中的"蒙版"按钮，在预览区域调整蒙版选框的高度使之框选整个画面，并将选框顺时针方向旋转180°，如图6-36所示，点击按钮✓，保存效果。

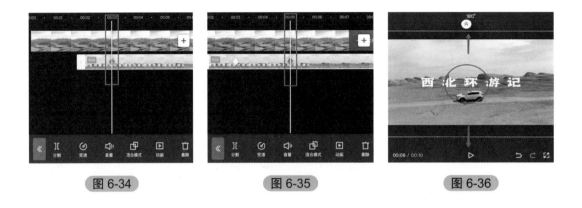

图 6-34　　　　　　　图 6-35　　　　　　　图 6-36

步骤10　点击底部工具栏中的"动画"按钮▶️，在二级工具栏中点击"入场动画"按钮 ，如图6-37所示。为画中画添加持续时长为1s的"向下甩入"入场动画，如图6-38所示，点击按钮✓，保存效果。

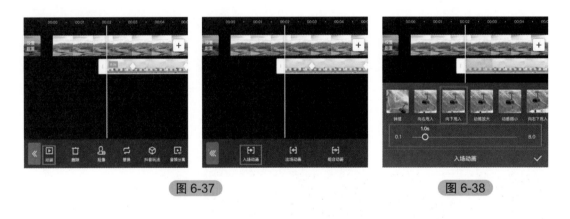

图 6-37　　　　　　　　　　　　　　图 6-38

步骤11　完成所有操作后，再为视频添加一首合适的背景音乐，即可点击"导出"按钮，将视频保存至相册。

实例060　碎片转场——时尚潮流穿搭

使用碎片绿幕素材，运用剪映中的"色度抠图"，即可制作碎片转场效果。本案例将制作一则"潮流穿搭"视频（图6-39），对碎片转场的应用和制作进行讲解说明。

扫码看视频
实例060

图 6-39

步骤01 打开剪映，在素材添加界面选择一段潮流视频和一段碎片绿幕素材添加至剪辑项目中。在时间线区域选中绿幕素材，点击底部工具栏中的"切画中画"按钮 ⚡，如图6-40所示，将其切换至第1段素材下方。

步骤02 将绿幕素材起始端移动至时间刻度00:02处，如图6-41所示。

图 6-40

图 6-41

步骤03 点击底部工具栏中的"抠像"按钮 👤，在二级工具栏中点击"色度抠图"按钮 ⊙，如图6-42所示。点击"取色器"按钮 ⊙，在预览区域选取蓝色，如图6-43所示。

图 6-42

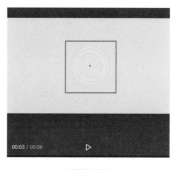

图 6-43

步骤04 点击底部浮窗中的"强度"按钮，一边观察预览区的画面一边调整滑块，使画面中只保留绿幕部分。经过调试后，此处设置的强度数值为35，如图6-44所示。采用同样的方法，点击"阴影"按钮，将"数值"设置为100，如图6-45所示，点击按钮，保存效果。点击"导出"按钮，将此段视频保存至相册。

图 6-44

图 6-45

步骤05 在素材添加界面选择刚刚导出的视频和一段潮流饰品展示的视频，将它们添加至剪辑项目中，如图6-46所示。

步骤06 在时间线区域选中第1段素材，将时间轴移动至时间刻度00:02处，点击底部工具栏中的"分割"按钮，将第1段视频分为2个部分，如图6-47所示。

步骤07 选中分割出来的第2部分，点击底部工具栏中的"切画中画"按钮，将第二段素材切换至画中画轨道，移动其与第一段素材对齐，如图6-48所示。

图 6-46

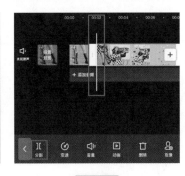

图 6-47

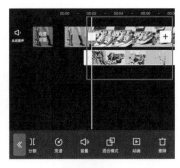

图 6-48

步骤08 选中画中画素材，点击底部工具栏中的"抠像"按钮，在二级工具栏中点击"色度抠图"按钮，点击"取色器"按钮，在预览区域选取绿色，如图6-49所示。

步骤09 在底部浮窗分别点击"强度"按钮和"阴影"按钮，将数值都设置为100，如图6-50所示，点击按钮，保存效果。

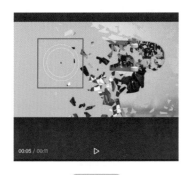

图 6-49

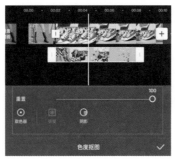

图 6-50

步骤10 将时间轴移动至时间刻度00:05处，点击底部工具栏左侧的按钮 ，返回一级工具栏，如图6-51所示。

步骤11 点击底部工具栏中的"文本"按钮 ，在二级工具栏中点击"文字模板"按钮 ，选择一个合适的文字模板，并将文字替换为"潮流穿搭 今日单品"，如图6-52所示。

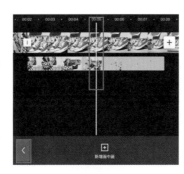

图 6-51

图 6-52

步骤12 完成所有操作后，再为视频添加一首合适的背景音乐，即可点击"导出"按钮，将视频保存至相册。

实例061 抠像转场——旅拍地标打卡

使用"抠像"功能能够制作富有趣味的转场效果。本案例将制作一则"旅拍地标打卡"视频（图6-53），对抠像转场的应用效果进行讲解说明。

图 6-53

扫码看视频
实例061

步骤01　打开剪映，在素材添加界面选择三段地标建筑视频添加至剪辑项目中。在时间线区域选中第2段素材，将时间轴移动至第2段素材起始端，点击底部工具栏中的"定格"按钮，得到一段定格片段，如图6-54所示。

步骤02　选中定格片段，点击底部工具栏中的"切画中画"按钮，将定格画面切换至主视频轨道下方，如图6-55所示。

步骤03　选中定格片段，点击底部工具栏中的"抠像"按钮，在二级工具栏中点击"自定义抠像"按钮，如图6-56所示。

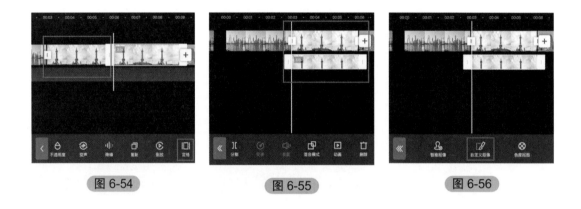

图 6-54　　　　　　　　图 6-55　　　　　　　　图 6-56

步骤04　在弹出的浮窗中点击"快速画笔"按钮，此处将"画笔大小"数值设置为15，如图6-57所示。

步骤05　在预览区域使用"快速画笔"工具沿画面中地标建筑的外轮廓描画，建立选区，如图6-58所示。

步骤06　在底部浮窗中点击"擦除"按钮，在预览区域将画面中多余选区擦除，如图6-59所示，点击按钮，即可完成抠像。

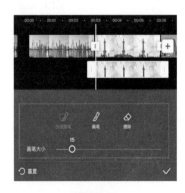  

图 6-57　　　　　　　　图 6-58　　　　　　　　图 6-59

提示

点击“自定义抠像”按钮后，弹出的浮窗中有3个按钮，分别是“快速画笔”按钮、“画笔”按钮以及“擦除”按钮，点击按钮即可使用相应的工具。其中“快速画笔”工具与“画笔”工具的区别在于，“快速画笔”工具能够自动捕捉画面中同一主体所有部分，而“画笔”工具则不能。由于剪映系统对同一主体的判定并不精准，使用“快速画笔”进行抠像时，有时候会出现多余或者缺失的部分，这时候可以使用“画笔”工具补足缺失，或用“擦除”工具擦去多余的部分。

步骤07 将定格片段向左移动15帧，如图6-60所示。将时间轴移动至时间刻度00:03处，点击底部工具栏中的“分割”按钮，然后选中时间轴右侧片段，点击底部工具栏中的“删除”按钮，将多余片段删除，如图6-61所示。

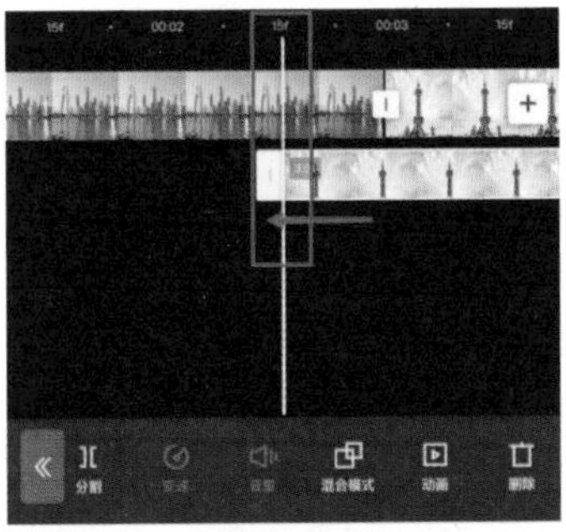

图6-60

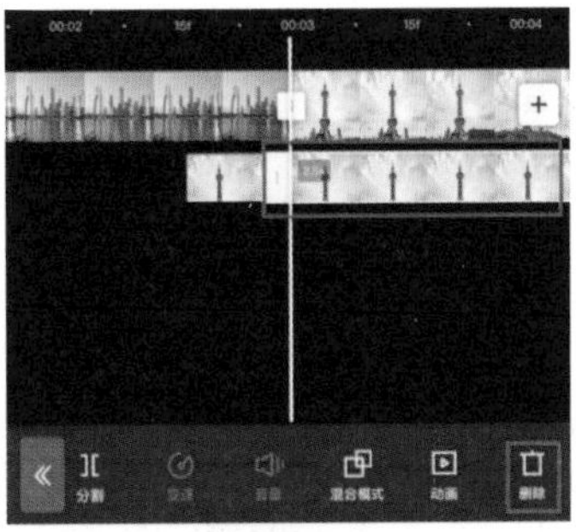

图6-61

步骤08 选中定格片段，点击底部工具栏中的“动画”按钮，在二级工具栏中点击“入场动画”按钮，为定格片段加上“雨刷”入场动画，并将动画持续时长拉满，如图6-62所示，点击按钮，保存效果。

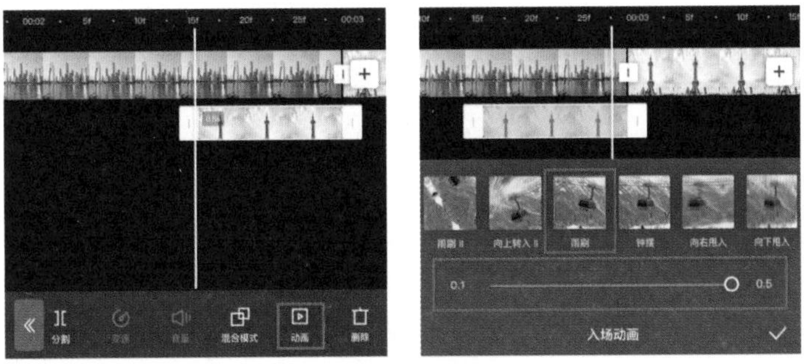

图6-62

步骤09 将时间轴移动至第3段素材起始端，使用同样的方法制作抠像转场素材，并为其加上"向下甩入"入场动画，如图6-63所示。

步骤10 点击底部工具栏左侧的按钮 ，返回一级工具栏，点击"文本"按钮 ，在二级工具栏中点击"文字模板" ，选择合适的模板，制作地点说明文字，并将文字轨道分别放置在对应的视频素材下方，如图6-64所示。

步骤11 完成所有操作后，再为视频添加一首合适的背景音乐，即可点击"导出"按钮，将视频保存至相册。

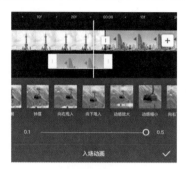

图 6-63

图 6-64

知识导读 ● 剪映中转场效果的应用

除了自己制作转场外，还可以使用剪映提供的转场预设。点击两段素材间的按钮 ，就会弹出选择转场效果的浮窗，如图6-65所示。

图 6-65

这样添加转场的优点在于能够提高剪辑效率，节省时间线区域的空间，提高剪映的运行效率。比如，在浮窗中选择添加"叠化"分类中的"叠化"转场，如图6-66所示，即可获得与案例057相似的转场效果，如图6-67所示。

图 6-66

图 6-67

提示

选择转场效果后，滑动时间标尺上的滑块，可以设置转场效果的持续时间，如图6-68所示。

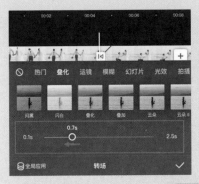

图 6-68

此外，点击"全局应用"按钮🗃，可以将相同的转场效果添加至全部段落，如图6-69所示。素材片段间的按钮Ⅰ变成◁，说明此处已经添加了转场效果，如图6-70所示。

图 6-69　　　　图 6-70

剪映将转场效果分为"运镜""模糊""幻灯片""光效""拍摄""扭曲""故障""分割""自然""MG动画""互动emoji""综艺"这些类型，能够满足大部分基础剪辑需求，用户可以根据视频所需的效果选择添加合适的转场。

实例062　光效转场——都市情景短片

使用光效进行转场，能够起到使画面变得梦幻，或提示观众故事中的人正陷入回忆等效果。本案例将制作都市情景短片中的一个片段（图6-71），对光效转场的应用效果进行讲解说明。

扫码看视频
实例062

图 6-71

步骤01 打开剪映，在素材添加界面选择两段都市情景的视频添加至剪辑项目中。在时间线区域点击底部工具栏中的"画中画"按钮▣，然后点击"新增画中画"按钮⊞，如图6-72、图6-73所示，导入光效素材。

步骤02 将光效素材移动至主视频轨道上两段素材相连接的地方，使光效素材的中间部位与按钮◖对齐，如图6-74所示。

图 6-72

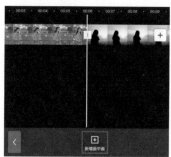

图 6-73

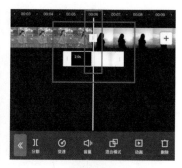

图 6-74

步骤03 在预览区域双指背向移动放大光效素材，使之铺满整个画框，如图6-75所示。

步骤04 选中光效素材，点击底部工具栏中的"混合模式"按钮▣，点击选择"滤色"模式，如图6-76所示，点击按钮✓，保存效果。

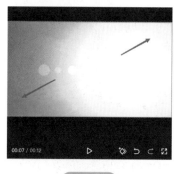

图 6-75

图 6-76

步骤05 完成所有操作后，再为视频添加一首合适的背景音乐，即可点击"导出"
按钮，将视频保存至相册。

实例063　裂缝转场——从现代到古代

使用"蒙版"功能和裂缝特效素材可以制作裂缝转场，实现时空穿越画面效果。本
案例将制作一段从现代穿越到古代的特效视频（图6-77），对裂缝转场的应用效果进行讲
解说明。

扫码看视频
实例063

图 6-77

步骤01 打开剪映，在素材添加界面选择一段现代人物和一段古代人物的视频添加
至剪辑项目中。在时间线区域选中古代人物素材，点击底部工具栏中的"切画中画"
按钮，如图6-78所示，将其切换至主视频轨道下方。

步骤02 将古代人物素材轨道的起始端移动至时间刻度00:04处，使两段素材的重合
时间为4s，如图6-79所示。

步骤03 点击底部工具栏中的"新增画中画"按钮，在素材添加界面选择裂缝特
效素材，将之添加至时间线区域，调整裂缝素材的位置，使其起始端同样位于时间刻
度00:04处，如图6-80所示。

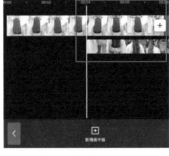
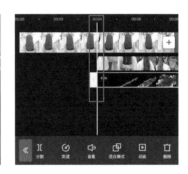

图 6-78　　　　　　　　图 6-79　　　　　　　　图 6-80

步骤04 在预览区域双指背向滑动放大裂缝特效素材，使之充满整个画框，如图6-81所示。

步骤05 点击底部工具栏中的"混合模式"按钮，点击选择"滤色"模式，如图6-82所示，点击按钮，保存效果。

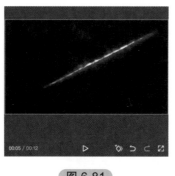

图 6-81

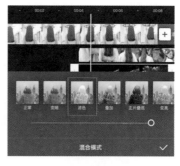

图 6-82

步骤06 点击选中古风人物素材，将时间轴移动至时间刻度00:05处，点击按钮，在此处打上一个关键帧，如图6-83所示。

步骤07 保持时间轴位置不动，点击底部工具栏中的"蒙版"按钮，在弹出的浮窗中选择"镜面"蒙版，如图6-84所示。

步骤08 在预览区调整蒙版选框的位置，使之闭合成一条缝隙，旋转角度使之与缝隙特效重合，如图6-85所示。

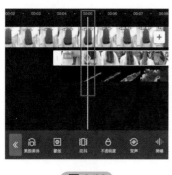

图 6-83

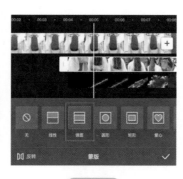

图 6-84

图 6-85

步骤09 向右移动时间轴，并观察预览区域画面中裂缝的展开效果。一边移动，一边跟随裂缝展开调整蒙版选框的位置，并向外拖动按钮，调整蒙版选框边缘的羽化度，使画面看起来更为自然，如图6-86所示，点击按钮，保存效果。

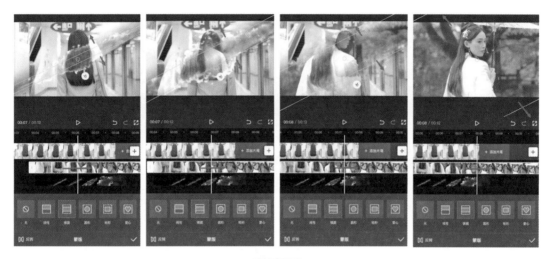

图 6-86

步骤10 完成所有操作后，再为视频添加一首合适的背景音乐，即可点击"导出"
按钮，将视频保存至相册。

实例064　瞳孔转场——进入你眼中的世界

使用"蒙版"功能搭配人物脸部特写画面，能够制作瞳孔转场效果。本案例将制作
一段人物瞳孔转场视频（图6-87），对该转场的应用效果进行讲解说明。

扫码看视频
实例064

图 6-87

步骤01 打开剪映，在素材添加界面选择一段人物脸部特写和一段人物舞蹈视频添
加至剪辑项目中。在时间线区域选中人物脸部特写素材，将时间轴移动至素材末端，

点击底部工具栏中的"定格"按钮，得到一段定格片段，如图6-88所示。

步骤02 选中定格片段，点击底部工具栏中的"切画中画"按钮，将其切换至第2段素材下方，如图6-89所示。

图 6-88

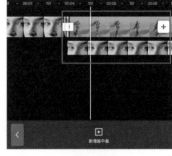

图 6-89

步骤03 双指背向滑动拉长时间线区域，点击选中第1段素材右侧多余的画面，点击底部工具栏中的"删除"按钮，将之删除，如图6-90所示。

步骤04 点击选中定格片段，向左移动右侧滑块，缩短该素材，使之时长为1.5s，如图6-91所示。

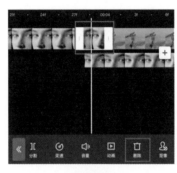

图 6-90

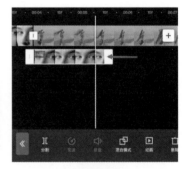

图 6-91

步骤05 选中定格片段，将时间线移动至该素材起始端。点击按钮，在此处添加一个关键帧，如图6-92所示。

步骤06 点击底部工具栏中的"蒙版"按钮，点击选择"圆形"蒙版，如图6-93所示。在预览区将圆形蒙版选框移动至左边画面的人物眼睛上，如图6-94所示。

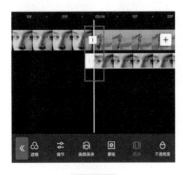

图 6-92

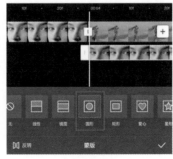

图 6-93

图 6-94

步骤07 在预览区域双指相向滑动缩小圆形蒙版选框，使之缩小为人物瞳孔大小，如图6-95所示。

步骤08 在底部工具栏中点击"反转"按钮，此时预览区域画面效果如图6-96所示，点击按钮，保存效果。

步骤09 将时间轴移动至定格片段的末端，点击按钮，在此处添加一个关键帧，如图6-97所示。

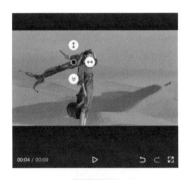

图6-95

图6-96

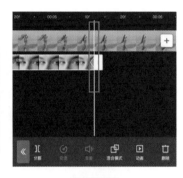

图6-97

步骤10 保持时间轴位置不动，在预览区域双指背向移动放大画面，直至瞳孔蒙版放大至整个画面，使下方的画面全部显露出来，如图6-98所示。

步骤11 将时间轴移动至定格片段中间部分，点击按钮，在此处添加一个关键帧，如图6-99所示。

步骤12 保持时间轴位置不动，点击底部工具栏中的"蒙版"按钮，在预览区域向外拖动按钮，调整蒙版选框边缘的羽化程度，使画面看起来更自然，如图6-100所示。

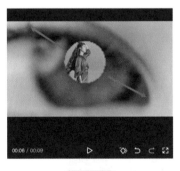

图6-98

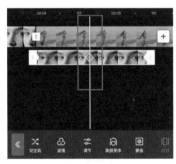

图6-99

图6-100

步骤13 完成所有操作后，再为视频添加一首合适的背景音乐，即可点击"导出"按钮，将视频保存至相册。

实例065　遮罩转场——物体遮挡切换时空

　　如果画面中出现了横梁、栏杆等物品，或者某个时刻镜头中只出现了某一事物，那么可以使用"蒙版"功能和"关键帧"功能，配合画面中的这些物件，制作遮罩转场效果。本案例将制作一段通过栏杆进行转场的视频（图6-101），对遮罩转场的应用效果进行讲解说明。

扫码看视频
实例065

图 6-101

　　步骤01　打开剪映，在素材添加界面选择一段含有栏杆的视频和一段人物逛街的视频添加至剪辑项目中。在时间线区域选中人物逛街的视频，点击底部工具栏中的"切画中画"按钮✖，如图6-102所示，将其切换至主视频轨道下方。

　　步骤02　观察预览区域画面，将时间轴移动至栏杆第2次出现在画面右侧的位置，如图6-103所示，约为时间刻度00:03的位置。在时间线区域将画中画素材的起始端移动至此处，如图6-104所示。

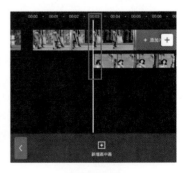

图 6-102　　　　　　　　　　图 6-103　　　　　　　　　　图 6-104

步骤03 选中画中画素材，将时间轴移动至画中画素材的起始端，点击按钮 ◇，在此处添加一个关键帧，如图6-105所示。

步骤04 保持时间轴的位置不动，点击底部工具栏中的"蒙版"按钮 ◙，在弹出的浮窗中点击选择"线性"蒙版，如图6-106所示。

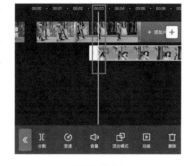

图 6-105

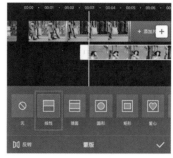

图 6-106

步骤05 在预览区域调整线性蒙版的位置和角度，顺时针旋转线性蒙版选框，使画面左侧为主视频画面，右侧为画中画素材画面，如图6-107所示。

步骤06 保持时间轴位置不变，在预览区域向右移动线性蒙版选框，将之移出画框，如图6-108所示。

图 6-107

图 6-108

步骤07 观察预览区域画面，将时间轴移动至栏杆离开画面左侧的位置，如图6-109所示。

步骤08 保持时间轴位置不变，在预览区域向左移动线性蒙版选框，同样将之移出画框，如图6-110所示。

图 6-109

图 6-110

步骤09 将时间轴移动至画中画素材起始端。向右移动时间轴15帧，在预览区域调节蒙版的位置使之位于栏杆中间，如图6-111所示。重复此操作两次，如图6-112所示，点击按钮☑，保存蒙版效果。

步骤10 在操作过程中，系统自动在特定位置打上了关键帧，如图6-113所示。

图 6-111

图 6-112

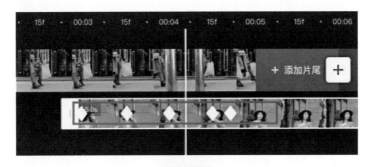

图 6-113

步骤11 完成所有操作后，再为视频添加一首合适的背景音乐，即可点击"导出"按钮，将视频保存至相册。

特效能够制作很多意想不到的画面效果，带给观众独特的视觉感受。本章主要介绍的是电影、电视剧中几个常见特效，包括人物穿越文字特效、空间穿越特效、一人分饰两角特效、人物若隐若现特效以及时间快速跳转等的制作方法。

实例066　文字穿越——制作人物穿越文字特效

扫码看视频
实例066

在影视剧中，有时候会出现人物穿越文字的画面作为故事的开头或者结尾。本案例将使用剪映的"智能抠像"功能制作一段人物穿越文字的视频（图7-1），对此特效的应用效果进行说明。

图 7-1

步骤01　打开剪映，在素材添加界面选择一段视频添加至剪辑项目中。

步骤02　在时间线区域将时间轴移动至轨道起始端，点击底部工具栏中的"文本"
按钮 T，在二级工具栏中点击"文字模板"按钮，如图7-2所示。选择一个合适的
文字模板，如图7-3所示。在预览区域将文字稍稍放大，如图7-4所示。

图 7-2

图 7-3

图 7-4

步骤03　在时间线区域选中文字素材，向右拖动文字素材轨道的右侧边框，使之处
于时间刻度00:06的位置，如图7-5所示。

步骤04　点击底部工具栏中的"动画"按钮，点击"出场"选项，为第1段文字加
上持续时长为1s的"模糊"出场动画，如图7-6所示。点击文字输入栏右侧的按钮
进行换行，为第2段文字同样加上持续时长为1s的"模糊"出场动画，如图7-7所示。
点击按钮，保存效果。

图 7-5

图 7-6

图 7-7

步骤05　点击"导出"按钮，将视频保存至相册。

步骤06　在素材添加界面选择刚刚制作好的含有文字的视频以及原始视频，将它们
添加至剪辑项目中。在时间线区域选中没有文字的原始视频，点击底部工具栏中的
"切画中画"按钮，将其切换至主视频轨道下方，如图7-8所示。

步骤07　向左拖动画中画素材的轨道起始端，使之与主视频轨道上的素材对齐，如
图7-9所示。

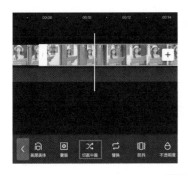

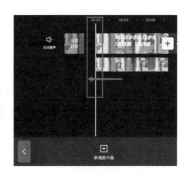

图 7-8
图 7-9

步骤08 选中画中画素材，将时间轴移动至时间刻度00:03处，点击底部工具栏中的"分割"按钮 ，将此素材分为两部分，如图7-10所示。选中时间轴左侧的部分，点击底部工具栏中的"删除"按钮 ，将之删除，如图7-11所示。

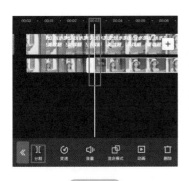
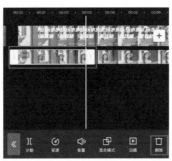
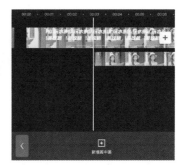

图 7-10
图 7-11

步骤09 选中画中画素材，点击底部工具栏中的"抠像"按钮 ，如图7-12所示。在二级工具栏中点击"智能抠像"按钮 ，如图7-13所示。系统完成抠像后，预览区域的画面中显示人物出现在文字前方，如图7-14所示。

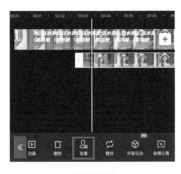

图 7-12
图 7-13
图 7-14

步骤10　将时间轴移动至时间刻度00:04处，点击按钮 ◈，在此处打上一个关键帧，如图7-15所示。再将时间轴移动至画中画素材起始端，点击按钮 ◈，在此处打上一个关键帧，如图7-16所示。

步骤11　保持时间轴位置不变，点击底部工具栏中的"不透明度"按钮 ⬡，将数值设置为0，如图7-17所示。这样能使画面变化看起来更自然。点击按钮 ✓，保存效果。

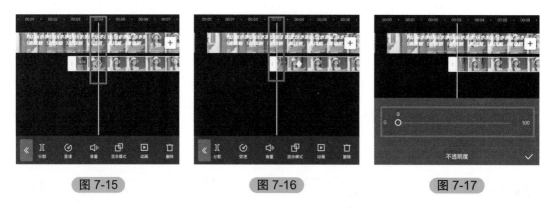

图 7-15　　　　　　　　图 7-16　　　　　　　　图 7-17

步骤12　完成所有操作后，再为视频添加一首合适的背景音乐，即可点击"导出"按钮，将视频保存至相册。

实例067　空间转换——影视剧中的穿越特效

在影视剧中，经常出现人物所处的时空快速变换的场景，表现人物正在思索或者正经历"时空穿越"。本案例将制作一则空间快速变化的视频（图7-18），对此特效的应用效果进行讲解说明。

图 7-18

扫码看视频
实例067

步骤01 打开剪映，在素材添加界面选择一段人物视频和三段延时摄影视频添加至剪辑项目中。在时间线区域选中人物视频，点击底部工具栏中的"切画中画"按钮 ⚅，将其切换至主视频轨道下方，如图7-19所示。

步骤02 选中人物素材，点击底部工具栏中的"抠像"按钮 ⚄，在二级工具栏中点击"智能抠像"按钮 ⚄，完成抠像如图7-20所示。

图 7-19

图 7-20

步骤03 观察预览区域的画面，调整主视频轨道上的延时摄影素材。选中第1段素材，将其右侧边框向左移动至画面中人物头部动作处，如图7-21所示。选中第2段素材，将其右侧边框向左移动至画面人物动作处，如图7-22所示。

图 7-21

图 7-22

步骤04 点击第1段素材和第2段素材间的按钮 ⬚，在弹出来的底部浮窗中，选择添加"光效"分类下的"泛白"转场，并将转场时长拉满，如图7-23所示。采用同样的方式在第2段素材和第3段素材间添加"光效"分类下的"泛光"转场，并设置转场时长为0.3s，如图7-24所示。点击按钮✓，保存效果。

图 7-23

图 7-24

步骤05 点击选中画中画素材，将时间轴移动至主视频轨道末端，点击底部工具栏中的"分割"按钮Ⅱ，如图7-25所示，将画中画素材分为2个部分。

步骤06 选中时间轴右侧多余部分，点击底部工具栏中的"删除"按钮☐，删除多余部分，如图7-26所示。

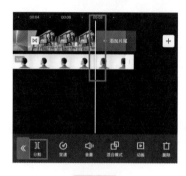

图 7-25

图 7-26

步骤07 完成所有操作后，再为视频添加一首合适的背景音乐，即可点击"导出"按钮，将视频保存至相册。

实例068 分饰两角——自己跟自己对话

在影视剧中，经常出现同一个人饰演的两个角色同时出现的片段，这种分身特效只需要为人物拍摄两段不同动作、不同神情的视频，再通过抠像合成，即可实现。本案例将制作一段自己与自己对话的视频（图7-27），对此特效的应用效果进行讲解说明。

图 7-27

扫码看视频
实例068

步骤01 打开剪映，在素材添加界面选择两段同一人物的视频添加至剪辑项目中。在时间线区域选中第2段视频素材，点击底部工具栏中的"切画中画"按钮 ✂，如图7-28所示，将其切换至主视频轨道下方。

步骤02 将画中画素材起始端与主视频轨道上的素材起始端对齐，将时间轴移动至主视频轨道的末端，点击底部工具栏中的"分割"按钮 ⅠⅠ，如图7-29所示，将画中画素材分割为2个部分。选中时间线右侧的素材，点击底部工具栏中的"删除"按钮 🗑，如图7-30所示，将之删除。

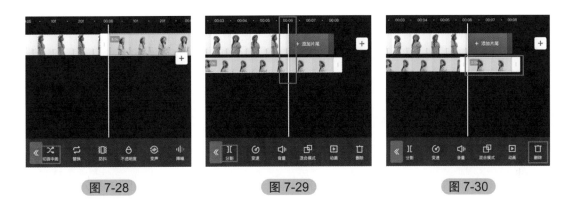

图7-28   图7-29   图7-30

步骤03 选中画中画素材，点击底部工具栏中的"抠像"按钮 👤，在二级工具栏中点击"智能抠像"按钮 👤，抠像完成后，预览区域的画面，如图7-31所示。

步骤04 在预览区域移动抠像出来的人像的位置，使画面看起来更为自然，如图7-32所示。

图7-31

图7-32

步骤05 完成所有操作后，再为视频添加一首合适的背景音乐，即可点击"导出"按钮，将视频保存至相册。

实例069　人物若隐若现——影视剧中人物逐渐走远效果

在一些煽情或回忆的场景中，经常会出现人物若隐若现的画面。本案例将使用"关键帧"功能，制作一段人物逐渐走远的视频（图7-33），对此特效的应用效果进行讲解说明。

扫码看视频
实例069

图 7-33

步骤01 打开剪映，在素材添加界面选择一段空镜头和一段人物行走视频添加至剪辑项目中。在时间线区域选中人物行走视频素材，点击底部工具栏中的"切画中画"按钮，如图7-34所示，将其切换至主视频轨道下方。

步骤02 移动画中画素材使其起始端与主视频轨道起始端对齐，如图7-35所示。

图 7-34

图 7-35

步骤03 选中含有人物的画中画素材，在素材起始端点击按钮 ◇，打上关键帧，如图7-36所示。向右移动时间轴，每隔1s就点击按钮 ◇，打上关键帧，如图7-37所示。

图 7-36

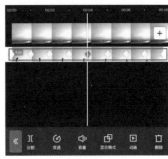

图 7-37

步骤04 将时间轴移动至第2个关键帧处，点击底部工具栏中的"不透明度"按钮 ⬠，将此处的不透明度数值设置为0，如图7-38所示。点击按钮 ✓，保存效果。对余下的第4、6、8个关键帧进行相同的处理。

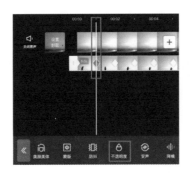

图 7-38

步骤05 将时间轴移动至画中画素材末端，点击选中主视频轨道上的素材，在此处点击底部工具栏中的"分割"按钮][，如图7-39所示，将视频素材分为2个部分。选中时间轴右侧的素材，点击底部工具栏中的"删除"按钮 ⬓，将之删除，如图7-40所示。

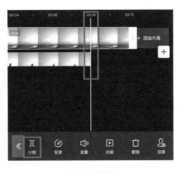

图 7-39

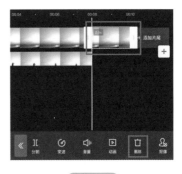

图 7-40

步骤06 完成所有操作后，再为视频添加一首合适的背景音乐，即可点击"导出"按钮，将视频保存至相册。

提示

最好选取同一时间、同一地点，使用固定镜头拍摄的同一角度的空镜头视频素材和人物行走素材。这样可以直接使用"关键帧"功能，调节画面的"不透明度"，轻松达到人物若隐若现的效果。如果人物行走视频和背景视频相差较大，可以使用"智能抠像"功能抠出人像，在抠出的人像素材上使用"关键帧"，同样也可以制作相同的效果。由于剪映"智能抠像"功能的判定并不十分准确，在人像较小时，不能准确抠像，且在画面中有水面或镜面时不能很好地处理画面中的倒影，在制作时应该注意。建议根据素材的具体情况，选择合适的制作方法。

实例070　时间快速跳转——影视剧中文字快速滚动跳转特效

影视剧中常常以飞速转动的文字表现人物正在快速思考，或表现时间的飞速流逝。本案例将制作一段时间快速跳转的视频（图7-41），对此特效的应用效果进行讲解说明。

扫码看视频
实例070

图7-41

步骤01 打开剪映，在素材添加界面选择一段黑场素材添加至剪辑项目中。在时间线区域点击"比例"按钮 ▢，在弹出的浮窗中，设置视频比例为5.8″，如图7-42所示。

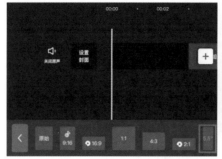

图 7-42

步骤02 点击工具栏左侧的按钮 ‹，返回一级工具栏。点击"文本"按钮 T，在二级工具栏中点击"新建文本"按钮 A+，如图7-43所示。在文字输入框中输入数字1~12，每输入一个数字换一行再输入下一个，如图7-44所示。

步骤03 在预览区域双指背向滑动放大文字，如图7-45所示。

图 7-43

步骤04 在时间线区域将黑幕素材和文字素材轨道的末端都移动至时间刻度00:05处，如图7-46所示，使视频时长为5s。

步骤05 选中文字素材，点击底部工具栏中的"动画"按钮 ⓒ，为文字添加"滚入"入场动画，并设置动画持续时长为4s，如图7-47所示。点击按钮 ✓，保存效果。然后点击"导出"按钮，将视频保存至相册。

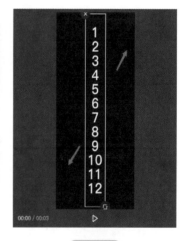

图 7-44 　　　　　　　　　　图 7-45

图 7-46 　　　　　　　　　　图 7-47

步骤06 在素材添加界面选择一段背景视频添加至剪辑项目中。在时间线区域点击底部工具栏中的"文本"按钮 T，在二级工具栏中点击"新建文本"按钮 A+，如图7-48所示。在文字输入框中输入"绿意盎然的　月"在"的"和"月"字中间注意添加2～3个空格，如图7-49所示，以便插入滚动数字。

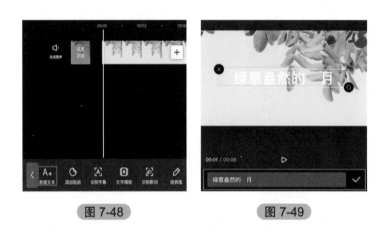

图 7-48　　　　　　　　　图 7-49

步骤07 为文本选择适合的字体，此处将文本字体设置为"萌趣体"，如图7-50所示。然后点击"花字"选项，为文字设置如图7-51所示花字效果。

步骤08 点击"样式"选项，然后向下滑动浮窗，点击"排列"选项，将"字间距"数值设置为5，如图7-52所示。

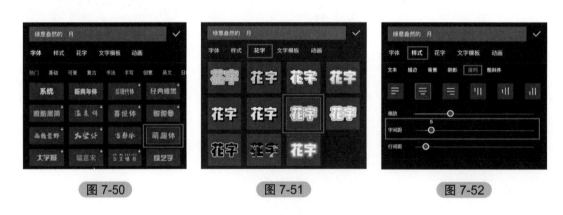

图 7-50　　　　　　　　图 7-51　　　　　　　　图 7-52

步骤09 完成上述操作后，预览区域的画面如图7-53所示。点击按钮 ✓，保存效果。然后在时间线区域向右拖动文字素材轨道的右侧边框，使之位于时间刻度00:05处，如图7-54所示。

步骤10 点击底部工具栏中的"动画"按钮 ◎，为文字添加"爱心弹跳"入场动画，并将持续时长设置为4s，如图7-55所示。点击按钮 ✓，保存效果。

图 7-53

图 7-54

图 7-55

步骤11 将时间轴移动至主视频轨道末端，点击时间线右侧的按钮 ⊞ ，如图 7-56 所示，在素材添加界面将之前制作好的数字视频添加至剪辑项目中。

步骤12 选中数字素材，点击底部工具栏中的"切画中画"按钮 ⤭ ，如图 7-57 所示，将其切换至主视频轨道下方。然后将其起始端移动至时间刻度 00:00 处，如图 7-58 所示。

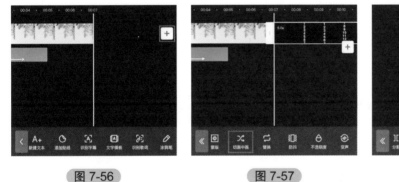

图 7-56   图 7-57   图 7-58

步骤13 选中数字素材，点击底部工具栏中的"混合模式"按钮 ，在浮窗中选择"滤色"模式，如图 7-59 所示。点击按钮 ✓ ，保存效果。

步骤14 将时间轴移动至时间刻度 00:04 处，在预览区域放大数字素材至合适的程度，然后移动数字素材，使数字"5"填补文字的空格处，如图 7-60 所示。

图 7-59

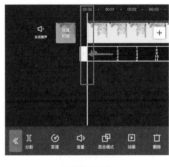

图 7-60

步骤15　点击底部工具栏中的"蒙版"按钮◉，在浮窗中选择"镜面"蒙版，如图
7-61所示。在预览区域调整蒙版选框的高度，使画面中只出现数字5，如图7-62所
示。点击按钮✓，保存效果。

步骤16　将时间轴移动至时间刻度00:05处，点击主视频轨道上的素材，点击底部工
具栏中的"分割"按钮Ⅱ，将素材分为2个部分，然后选中时间轴右侧的部分，点击
底部工具栏中的"删除"按钮🗑，删除多余画面，如图7-63所示。

图 7-61　　　　　　　　图 7-62　　　　　　　　图 7-63

步骤17　完成所有操作后，再为视频添加一首合适的背景音乐，即可点击"导出"
按钮，将视频保存至相册。

实例071　灵魂出窍——玄幻、仙侠剧中的灵魂出窍特效

在玄幻、仙侠类影视剧中，经常会出现人物灵魂出窍的画面，让人觉得不可思议。
其实只要调节画面的不透明度就能轻松制作出这样的效果。本案例将制作一段人物灵魂
出窍的视频（图7-64），对此特效的应用效果进行讲解说明。

扫码看视频
实例071

图 7-64

步骤01　打开剪映，在素材添加界面选择一段人物起床的视频素材添加至剪辑项目中。

步骤02　在时间线区域选中此段素材，保持时间轴位于轨道起始端，点击底部工具栏中的"定格"按钮，获得一段人物躺着的定格片段，如图7-65所示。

步骤03　选中原始视频素材，点击底部工具栏中的"切画中画"按钮，如图7-66所示，将其切换至主视频轨道下方。然后将画中画轨道起始端移动至于轨道起始处，如图7-67所示。

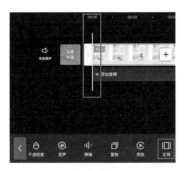　　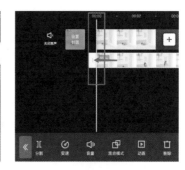

图 7-65　　　　　　　　　图 7-66　　　　　　　　　图 7-67

步骤04　选中主视频轨道上的定格片段，向右拖动右侧边框，使之与画中画轨道等长，如图7-68所示。

步骤05　选中画中画轨道上的素材，点击底部工具栏中的"抠像"按钮，在二级工具栏中点击"智能抠像"按钮，将人物抠出来，如图7-69所示。

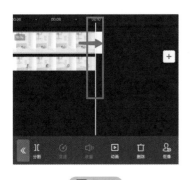　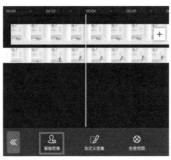　

图 7-68　　　　　　　　　图 7-69

步骤06　点击工具栏左侧的按钮，返回上级工具栏。点击工具栏中的"不透明度"按钮，将数值设置为50，如图7-70所示。此时预览区域的画面如图7-71所示。点击按钮，保存效果。

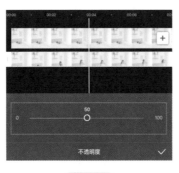

图 7-70　　　　　　　　　图 7-71

提示

由于本例中所用到的视频素材是使用固定镜头拍摄的，只有人物动作发生了较大的变化，省略抠像步骤，直接调节画中画素材的不透明度也能取得相同的效果，如图7-72所示。但如果不是固定镜头拍摄的画面，还是需要使用抠像功能。

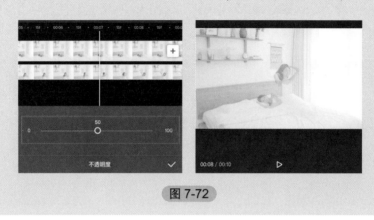

图 7-72

步骤07 完成所有操作后，再为视频添加一首合适的背景音乐，即可点击"导出"按钮，将视频保存至相册。

实例072 唯美慢动作——制作光线花瓣飘落特效

在对唯美风格视频中的慢动作画面进行处理时，可以适当添加花瓣特效和光线，以突出人物，增强画面的表现。本案例将制作一段使用光线花瓣飘落的特效的视频（图7-73），对此特效的应用效果进行讲解说明。

扫码看视频
实例072

图 7-73

步骤01 打开剪映,在素材添加界面选择一段人物视频素材和一段花瓣飞舞特效视频素材,将其添加至剪辑项目中。在时间线区域选中花瓣特效视频,点击底部工具栏中的"切画中画"按钮✖,如图7-74所示,将其切换至主视频轨道下方。

步骤02 将画中画素材起始端移动至与主视频轨道起始端对齐,如图7-75所示。

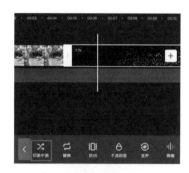

图 7-74

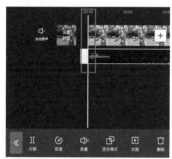

图 7-75

步骤03 点击底部工具栏中的"变速"按钮⊘,在二级工具栏中点击"曲线变速"按钮⊠,如图7-76所示。在浮窗中选择"闪进"选项,如图7-77所示,使此素材先快后慢。点击按钮✓,保存效果。

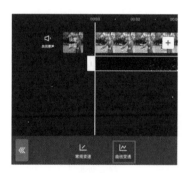

图 7-76

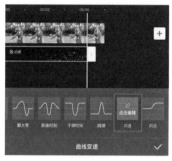

图 7-77

步骤04 点击工具栏左侧的按钮«,返回上级工具栏。点击工具栏中的"混合模式"按钮⊡,在浮窗中选择"滤色"模式,如图7-78所示。此时预览区域的画面如图7-79所示。点击按钮✓,保存效果。

图 7-78

图 7-79

步骤05 将时间轴移动至画中画轨道的末端，点击选中主视频轨道上的素材，点击底部工具栏中的"分割"按钮 ，如图7-80所示。选中时间轴右侧的部分，点击"删除"按钮 ，将多余部分删除，如图7-81所示。

步骤06 再次选中主视频轨道上的素材，点击底部工具栏中的"动画"按钮 ，为其添加"渐显"入场动画效果，并设置动画时长为1s，如图7-82所示。点击按钮 ，保存效果。

图 7-80

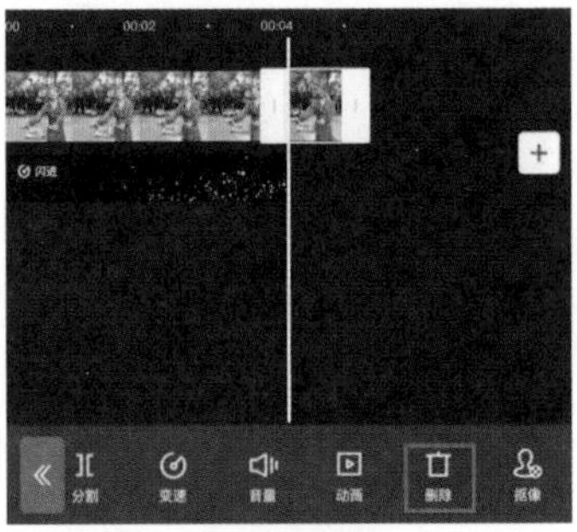

图 7-81

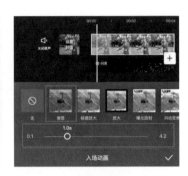

图 7-82

步骤07 点击工具栏左侧的按钮 ，返回上级工具栏。点击底部工具栏中的"滤镜"按钮 ，如图7-83所示，为此素材添加滤镜效果。这里在底部浮窗中选择了"影视级"分类中的"高饱和"滤镜，并将滤镜数值设置为100，如图7-84所示。点击按钮 ，保存效果。

图 7-83

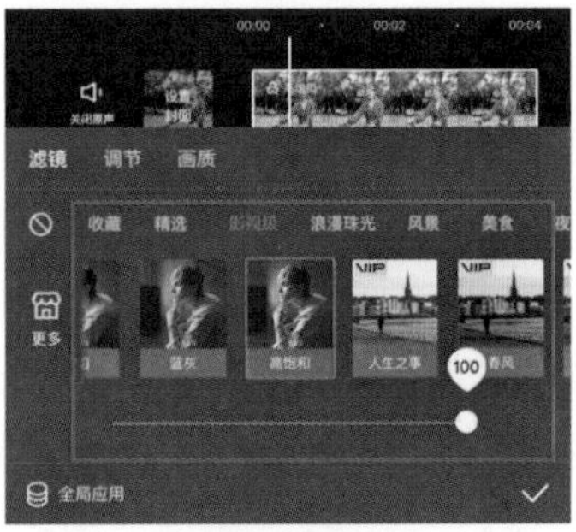

图 7-84

步骤08 将时间轴移动至时间刻度00:01处，点击按钮 ，在此处打上一个关键帧，如图7-85所示。然后将时间轴移动至时间刻度00:02处，点击按钮 ，在此处也打上一个关键帧，如图7-86所示。

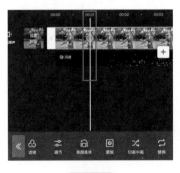

图 7-85

图 7-86

步骤09 保持时间轴处于第2个关键帧的位置，点击底部工具栏中的"调节"按钮 ⚙，
如图7-87所示。在浮窗中点击"亮度"选项，将亮度数值调为20，如图7-88所示，
使画面产生变亮的效果。点击按钮 ✓，保存效果。

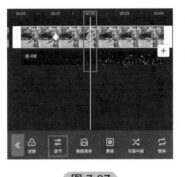
图 7-87

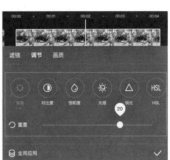
图 7-88

步骤10 点击工具栏左侧的按钮 ❮ 两次，返回一级工具栏。将时间轴移动至轨道起
始端，点击底部工具栏中的"特效"按钮 ✪，在二级工具栏中点击"画面特效"按
钮 ▣，如图7-89所示。在浮窗中的"光"分类下，选择添加"圣诞光斑"画面特效，
如图7-90所示。点击按钮 ✓，保存效果。

步骤11 在时间线区域向右拖动特效素材右侧边框，使之与主视频轨道等长，如图
7-91所示。

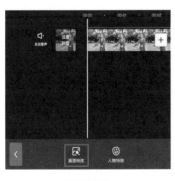
图 7-89

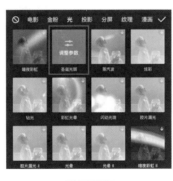
图 7-90

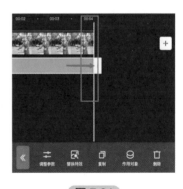
图 7-91

步骤12 完成所有操作后，再为视频添加一首合适的背景音乐，即可点击"导出"
按钮，将视频保存至相册。

综合
案例篇

第8章

创意片头片尾使视频更具个性化

　　充满创意的片头能够迅速吸引观众的眼球，激发其观看兴趣，而有趣的片尾则能够加深观众对视频以及视频作者的印象。精彩的片头片尾能够使视频更具个性化特征，提升观众记忆度。本章将介绍卷轴开幕、涂鸦片头、图片汇聚片头、抖音片尾以及水墨风片尾的制作方法。

实例073　卷轴开幕——电影感开幕特效

扫码看视频
实例073

　　卷轴开幕有引导观众进入故事的效果，经常应用于故事片或者MV的开头。对带有绿幕的卷轴素材进行色度抠图，即可制作此种效果。本案例将制作一则卷轴开幕的视频（图8-1），对此种片头的应用效果进行讲解说明。

图 8-1

步骤01 打开剪映，在素材添加界面选择三段采茶视频添加至剪辑项目中。点击第1
段素材和第2段素材中间的按钮 ⅰ ，在弹出的浮窗中点击添加"叠化"分类中的"叠
化"转场，并设置转场时长为1s，如图8-2所示。点击"全局应用"按钮 ，为所有
片段添加此转场，如图8-3所示。点击按钮 ✓ ，保存效果。

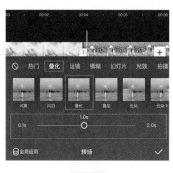

图 8-2

图 8-3

步骤02 将时间轴移动至轨道起始端，点击底部工具栏中的"画中画"按钮 ，在
二级工具栏中点击"新增画中画"按钮 ，在素材添加界面选择绿幕卷轴素材作为
画中画添加至剪辑项目中，如图8-4所示。

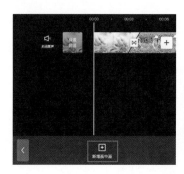

图 8-4

步骤03 在预览区双指背向滑动放大卷轴素材，使之铺满整个画框，如图8-5所示。

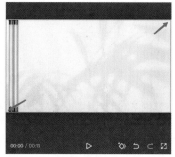

图 8-5

步骤04 将时间轴向右移动至预览区域画面卷轴展开出现绿幕的位置，点击底部
工具栏中的"抠像"按钮，在二级工具栏中点击"色度抠图"按钮，如图8-6
所示。

步骤05 在预览区域将"取色器"工具放置在绿色部分，选取绿色，如图8-7所示。
然后在底部浮窗中将"强度"和"阴影"数值都设置为100，如图8-8所示。点击按
钮，保存效果。

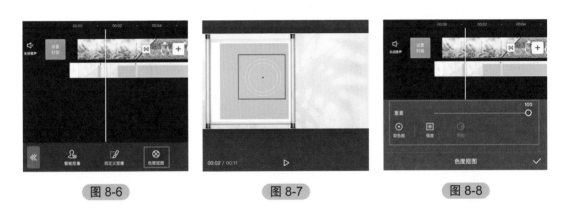

图8-6   图8-7   图8-8

步骤06 点击工具栏左侧按钮，返回上级工具栏。点击工具栏中的"调节"按钮，
在浮窗中点击"HSL"按钮，如图8-9所示。选择绿色选项，向左移动"饱和度"
的滑块，将数值设置为-100，如图8-10所示。这样能将绿幕部分完全消除。点击按
钮，保存效果。此时预览区的画面，如图8-11所示。

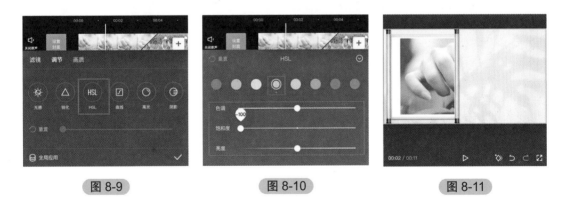

图8-9   图8-10   图8-11

步骤07 将时间轴移动至时间刻度00:07处，点击按钮，在此处添加一个关键帧，
如图8-12所示。向右移动时间轴至时间刻度00:08处，在此处也添加一个关键帧，如

图8-13所示。保持时间轴位于第2个关键帧处，在预览区域的画面中放大卷轴素材，直至其位于画面之外，如图8-14所示。

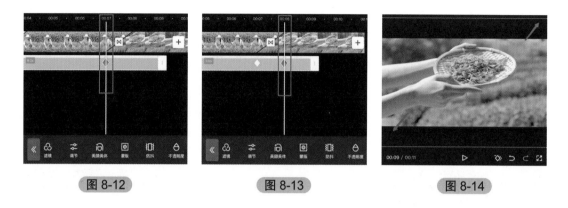

图8-12 　　　　　　　　　图8-13 　　　　　　　　　图8-14

步骤08 点击工具栏左侧的按钮 **«** 两次，返回一级工具栏。将时间轴移动至时间刻度00:03处，点击底部工具栏中的"文本"按钮 **T**，在二级工具栏中点击"新建文本"按钮 **A+**，在文字输入框输入"一片茶叶的故事"，点击"字体"选项，设置字体为"萌趣体"，如图8-15所示。

步骤09 点击"花字"选项，为文字添加合适的花字模板，如图8-16所示。点击按钮 **√**，保存效果。

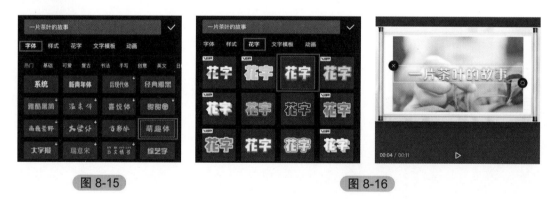

图8-15 　　　　　　　　　　　　　　　图8-16

步骤10 在时间线区域向右拖动文字素材的右侧滑块，使之处于时间刻度00:08处，如图8-17所示。

步骤11 点击底部工具栏中的"动画"按钮 **◎**，在浮窗中选择"入场"选项中的"模糊"动画，并设置动画持续时长为1s，如图8-18所示。点击"出场"选项，为文字添加"晕开"动画，并设置动画持续时长为1s，如图8-19所示。点击按钮 **√**，保存效果。

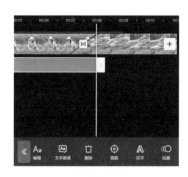
图 8-17

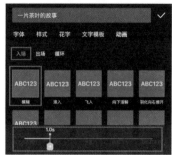
图 8-18

图 8-19

> **步骤12** 完成所有操作后，再为视频添加一首合适的背景音乐，即可点击"导出"按钮，将视频保存至相册。

实例074 涂鸦片头——周末出游Vlog

扫码看视频
实例074

　　添加一段黑白涂鸦素材，调整素材的混合模式，即可制作涂鸦片头。本案例将制作一个周末出游Vlog的开场片段（图8-20），对此种片头的应用效果进行讲解说明。

图 8-20

> **步骤01** 打开剪映，在素材添加界面选择一段出游视频和一段黑笔涂鸦视频添加至剪辑项目中。在时间线区域选中涂鸦视频，点击底部工具栏中的"切画中画"按钮

，如图8-21所示，将其切换至主视频轨道下方。

🔘 **步骤02** 拖动画中画素材，使其起始端与轨道起始端对齐，如图8-22所示。

图 8-21

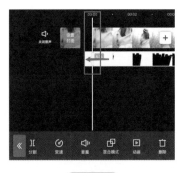

图 8-22

🔘 **步骤03** 将时间轴向右移动至涂鸦完成处，点击底部工具栏中的"混合模式"按钮，选择"滤色"模式，如图8-23所示。此时预览区域画面如图8-24所示。点击按钮，保存效果。

🔘 **步骤04** 在预览区域对涂鸦素材的位置与大小进行调节。双指背向移动轻微放大素材，然后将之稍稍向下移动，如图8-25所示，使之处于画面中间位置。

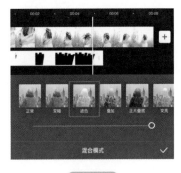

图 8-23

图 8-24

图 8-25

🔘 **步骤05** 将时间轴移动至时间刻度00:04处，点击按钮，在此处打上一个关键帧。将时间轴向左移动至时间刻度00:05处，在此处也打上一个关键帧，如图8-26所示。

🔘 **步骤06** 保持时间轴位于第2个关键帧的位置不动，在预览区域的画面中放大涂鸦素材，直至其位于画面之外，如图8-27所示。

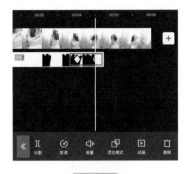

图 8-26

图 8-27

步骤07 保持时间轴位于第2个关键帧的位置不动，点击底部工具栏中的"不透明
度"按钮⬦，将不透明度的数值设置为0，如图8-28所示，这样能让变化效果更平
滑。点击按钮✓，保存效果。

步骤08 点击主视频轨
道上的人物素材，点击
底部工具栏中的"滤镜"
按钮⬡，在浮窗中为素
材添加合适的滤镜，并
将数值设置为100，如图
8-29所示。点击按钮✓，
保存效果。

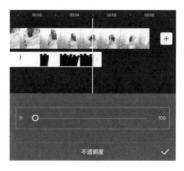

图 8-28

图 8-29

步骤09 点击工具栏左侧的按钮«两次，返回一级工具栏。将时间轴移动至时间刻度
00:00处，点击底部工具栏中的"文本"按钮▮，在二级工具栏中点击"新建文本"

按钮A+，如图8-30所示。
在文字输入框中输入
"周末出游Vlog"，并点
击"文字"选项，设置
合适的字体，如图8-31
所示。点击按钮✓，
保存效果。

图 8-30

图 8-31

步骤10 在时间线区域点向右拖动文字素材右侧边框，将之移动至主视频轨道末端，
如图8-32所示。

步骤11 点击底部工具栏中的"编辑"按钮Aa，点击"样式"选项，在浮窗中点击
"排列"选项，将字间距数值设置为5，如图8-33所示。在预览区域中将文字素材稍
稍下移，使之处于下三分线的位置，如图8-34所示。点击按钮✓，保存效果。

图 8-32

图 8-33

图 8-34

步骤12 点击底部工具栏中的"动画"按钮，如图8-35所示。在浮窗中点击"入场"选项，为文字添加"打字机Ⅲ"动画，并设置动画持续时长为4.5s，如图8-36所示。点击按钮，保存效果。

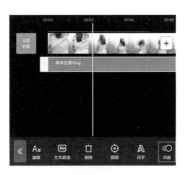

图 8-35

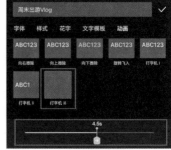

图 8-36

步骤13 完成所有操作后，再为视频添加一首合适的背景音乐，即可点击"导出"按钮，将视频保存至相册。

实例075 图片汇聚片头——父亲节照片汇聚片头

扫码看视频
实例075

当制作视频的图片素材很多时，可以考虑制作一个图片汇聚片头，化静为动。本案例将制作一个以父亲节为主题的视频片段（图8-37），对此片头的应用效果进行讲解说明。

图 8-37

步骤01 打开剪映，在素材添加界面选择一段黑场视频添加至剪辑项目中。在时间线区域点击底部工具栏中的"比例"按钮▢，设置视频比例为16：9，如图8-38所示。

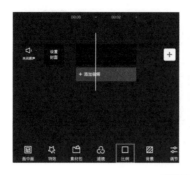

图 8-38

步骤02 点击工具栏左侧的按钮▓，返回一级工具栏。点底部工具栏中的"贴纸"按钮◔，在弹出的浮窗中点击按钮▣，将一张图片以贴纸的形式添加至剪辑项目中，如图8-39所示。

步骤03 向左拖动贴纸素材的右侧边框，使之处于时间刻度00:02的位置，如图8-40所示。此时贴纸素材时长为2s。

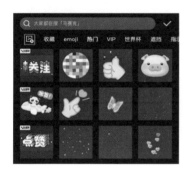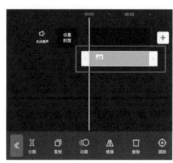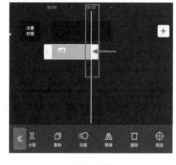

图 8-39   图 8-40

步骤04 保持时间轴处于时间刻度00:00处，点击按钮◈，在此处打上一个关键帧，如图8-41所示。在预览区域略微放大图片，并将之放置于合适位置，如图8-42所示。

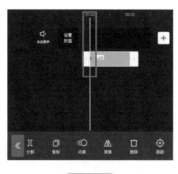

图 8-41   图 8-42

步骤05 将时间轴移动至时间刻度00:02处，点击按钮◇，在此处打上一个关键帧，如图8-43所示。在预览区域将图片放置于画面中间的位置，并缩小图片，如图8-44所示。

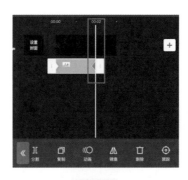

图 8-43

图 8-44

步骤06 点击底部工具栏中的"动画"按钮◎，点击"入场动画"选项，为贴纸添加持续时长为0.5s的"渐显"入场动画，如图8-45所示。然后点击"出场动画"选项，为贴纸添加持续时长为0.5s的"缩小"动画，如图8-46所示。点击按钮✓，保存效果。

图 8-45

图 8-46

步骤07 将时间轴移动至轨道起始处，然后向右移动10帧，点击底部工具栏中的"添加贴纸"按钮◎，如图8-47所示。以同样的方法在此处添加第2个贴纸，注意使第2个贴纸的位置与第1个贴纸在画面中的位置稍稍错开，如图8-48所示。然后使用同样的方法，每隔10帧，以贴纸的形式添加余下几个照片素材，如图8-49所示。

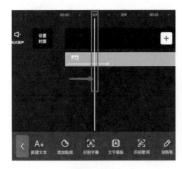

图 8-47

图 8-48

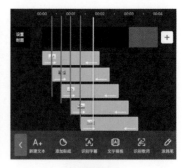

图 8-49

步骤08 将时间轴移动至时间刻度00:00处，点击底部工具栏中的"新建文本"按钮 A+，如图8-50所示。在文字输入框中输入"父亲节快乐"，点击"花字"选项，为文字添加合适的花字效果，如图8-51所示。

图 8-50

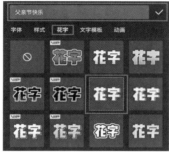

图 8-51

步骤09 在时间线区域将文字素材的右侧边框向右移动使之与最后一段贴纸素材的末端对齐，如图8-52所示。然后点击主视频轨道上的黑场素材，同样向右移动其右侧边框，使之与文字素材的末端对齐，如图8-53所示。

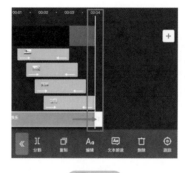

图 8-52

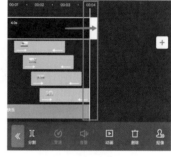

图 8-53

步骤10 点击选中文字素材，点击底部工具栏中的"动画"按钮，分别为文字添加持续时长为1s的"缩小Ⅱ"入场动画、持续时长为1s的"溶解"出场动画，以及速度值为0.5s的"晃动"循环动画，如图8-54所示。

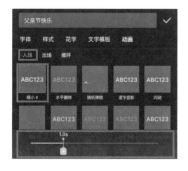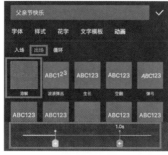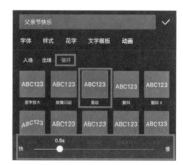

图 8-54

步骤11 完成所有操作后，再为视频添加一首合适的背景音乐，即可点击"导出"
按钮，将视频保存至相册。

提示

　　以贴纸形式添加照片，是因为贴纸能够同时添加出场动画和入场动画，而直接
导入的素材只能添加出场动画或入场动画。直接添加动画效果能够提高剪辑速度，
操作较为简单。而如果直接导入剪辑项目，使用关键帧功能，调节画面的不透明度，
也能获得相类似的效果。下面将对此进行简要说明。

步骤01 导入黑场素材后，以画中画形式导入一张照片素材，并向左移动照片素
材右侧边框，使之时长为2s。

步骤02 在此照片素材的头尾分别打上关键帧，如图8-55所示。将时间轴移动至
第1个关键帧处，在预览区域的画面中调节图片的大小和位置，如图8-56所示。
然后将时间轴移动至第2个关键帧处，在预览区的画面中调节图片的大小和位置，
如图8-57所示。

图 8-55　　　　　　　图 8-56　　　　　　　图 8-57

步骤03 将时间轴移
动至照片素材起始
端，再向右移动时间
轴15帧，在此处打
上关键帧，如图8-58
所示。然后将时间轴
移动至照片素材末
端，再向左移动时间
轴15帧，如图8-59
所示。

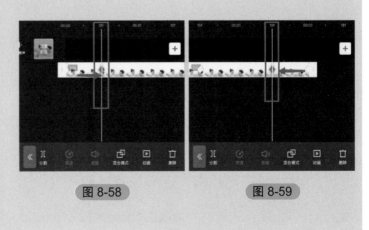

图 8-58　　　　　　　图 8-59

步骤04 再次将时间轴移动至照片素材起始端，点击底部工具栏中的"不透明度"按钮⬤，将此关键帧处的不透明度数值设置为0，如图8-60所示。点击按钮✓，保存效果。

步骤05 将时间轴移动至照片素材末端，点击底部工具栏中的"不透明度"按钮⬤，将此关键帧处的不透明度数值同样设置为0，如图8-61所示。点击按钮✓，保存效果。

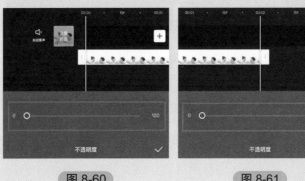

图 8-60　　　　图 8-61

步骤06 依照相同的方法对余下的照片进行相同处理，即可获得与案例效果相同的画面。

实例076　抖音片尾——抖音求关注片尾

受到抖音的推送和使用机制的影响，在视频结束的时候加上个人标识，能够使观众对视频制作者留有印象，推动粉丝积累。本案例将制作一个抖音求关注的片尾片段（图8-62），对此片尾的应用效果进行讲解说明。

图 8-62

扫码看视频
实例076

步骤01 打开剪映，在素材添加界面选择一张头像素材添加至剪辑项目中。在时间线区域点击底部工具栏中的"比例"按钮 ⬜，设置视频比例为9：16，如图8-63所示。

步骤02 在预览区域双指相向滑动，略微缩小头像素材至合适程度，如图8-64所示。

步骤03 向右移动该素材的右侧边框，使之处于时间刻度00:05处，如图8-65所示，使视频时长为5s。

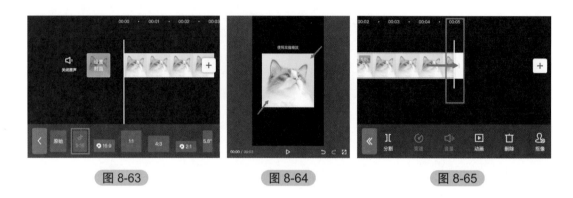

图 8-63　　　　　　　图 8-64　　　　　　　图 8-65

步骤04 点击底部工具栏中的"蒙版"按钮 ⬚，选择"圆形"蒙版，如图8-66所示。在预览区域双指背向滑动放大圆形蒙版选框，直至完整露出头像主体，如图8-67所示。点击按钮 ✓，保存效果。

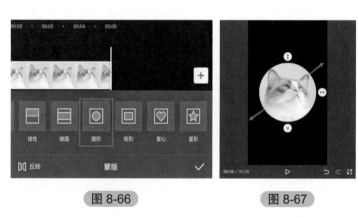

图 8-66　　　　　　　图 8-67

步骤05 将时间轴移动至时间刻度00:01处，点击按钮 ◇，在此打上一个关键帧。然后将时间轴移动至时间刻度00:00处，在此也打上一个关键帧，如图8-68所示。

步骤06 保持时间轴处于时间刻度00:00不动，在预览区域向上移动头像至如图8-69所示位置。

步骤07 点击底部工具栏中的"动画"按钮 ▣，在二级工具栏中点击"入场动画"按钮 ▣。为头像素材添加"向下甩入"入场动画，并设置动画持续时长为1s，如图8-70所示。点击按钮 ✓，保存效果。

图 8-68

图 8-69

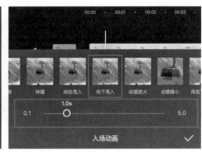

图 8-70

步骤08 点击底部工具栏左侧的按钮 ❮ 两次，返回一级工具栏。将时间轴移动至轨道起始处，点击底部工具栏中的"贴纸"按钮 ⊙，在文字输入框中输入"关注"进行检索，选择添加如图8-71所示贴纸。点击按钮 ✓，保存选择。

步骤09 将时间轴移动至时间刻度00:01处，在预览区域将贴纸素材移动至头像素材的正下方，并使之有一半位于头像素材上方，如图8-72所示。

步骤10 点击底部工具栏中的"动画"按钮 ◎，点击"入场动画"选项，为贴纸素材添加"向上滑动"入场动画，并设置动画持续时长为1s，如图8-73所示。点击按钮 ✓，保存效果。

图 8-71

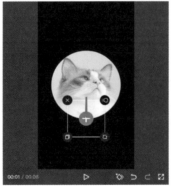

图 8-72

图 8-73

步骤11 保持时间轴位于时间刻度00:01的位置，点击底部工具栏左侧的按钮 ❮，返回上级工具栏。点击底部工具栏中的"文字模板"按钮 🄰，在浮窗中点击"片尾谢幕"选项，在此分类中选择添加如图8-74所示文字模板。

步骤12 在预览区域移动文字素材的位置，使之位于头像素材下方，如图8-75所示。

步骤13 在时间线区域向右拖动文字素材的右侧边框，使之与头像素材末端对齐，如图8-76所示。

图 8-74　　　　　　　图 8-75　　　　　　　图 8-76

步骤14 完成所有操作后，再为视频添加合适的音效，即可点击"导出"按钮，将视频保存至相册。

实例077　水墨风片尾——古风短片创意片尾

在制作古风类视频时，可以添加水墨风的片尾使结尾部分与整个视频的风格相统一。本案例将制作一个水墨风创意片段（图 8-77），对此片尾的应用效果进行讲解说明。

扫码看视频
实例077

图 8-77

步骤01 打开剪映，在素材添加界面选择一段水墨动画添加至剪辑项目中。点击底部工具栏中的"文本"按钮 **T**，在二级工具栏中点击"新建文本"按钮 **A+**，如图 8-78所示。在文字输入框中输入"感谢观赏"，点击"字体"选项，将字体设置为"书法"分类下的"烈金体"，如图 8-79所示。

图 8-78

图 8-79

步骤02 点击"样式"选项,然后点击"文本"选项,将"字号"数值设置为28%,如图8-80所示。

步骤03 点击"排列"选项,将"字间距"数值设置为3,如图8-81所示。此时预览区域的画面,如图8-82所示。

图 8-80

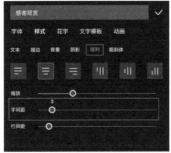

图 8-81

图 8-82

步骤04 再次点击"文本"选项,将文字颜色设置为黑色,如图8-83所示。

步骤05 点击"动画"选项,再点击"入场"选项,为文字添加"模糊"入场动画,并设置动画时长为2s,如图8-84所示。点击按钮 ✓,保存效果。

步骤06 在时间线区域向右拖动文字素材右侧边框,使之与主视频轨道末端对齐,如图8-85所示。

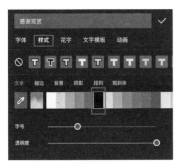

图 8-83

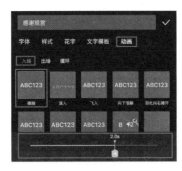

图 8-84

图 8-85

步骤07 点击工具栏左侧的按钮《，返回上级工具栏。将时间轴移动至时间刻度00:01处，点击底部工具栏中的"添加贴纸"按钮🕐，在文字输入框中输入"墨"进行检索，选择添加如图8-86所示贴纸，以装饰画面。点击按钮✓，保存选择。在预览区域画面中将贴纸素材移动至画面左侧，如图8-87所示。

图 8-86　　　　　　图 8-87

步骤08 移动此贴纸素材的右侧边框，使之与主视频轨道末端对齐，如图8-88所示。

步骤09 点击底部工具栏中的"动画"按钮◎，点击"入场动画"选项，为贴纸素材添加"渐显"入场动画，并设置动画持续时长为2s，如图8-89所示。点击按钮✓，保存效果。

图 8-88　　　　　　图 8-89

步骤10 点击工具栏左侧的按钮《，返回上级工具栏。将时间轴移动至时间刻度00:02处，点击底部工具栏中的"添加贴纸"按钮🕐，在文字输入框中输入"水墨"进行检索，选择添加如图8-90所示动态贴纸，以装饰画面。点击按钮✓，保存选择。在预览区域画面中调整贴纸素材的大小和位置，将之移动至画面右下角，如图8-91所示。

图 8-90

图 8-91

步骤11 点击工具栏左侧的按钮 ，返回上级工具栏。保持时间轴处于时间刻度 00:02处不动，点击底部工具栏中的"文字模板"按钮，在浮窗中点击"气泡"选项，在此分类下选择添加如图8-92所示文字模板。点击按钮 ，保存选择。

步骤12 在预览区域画面中调整此文字素材的大小和位置，使之位于"感谢观赏"文字素材的右上角，如图8-93所示。

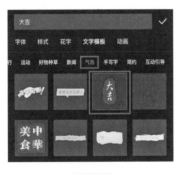

图 8-92

图 8-93

步骤13 完成所有操作后，再为视频添加合适的音效，即可点击"导出"按钮，将视频保存至相册。

第9章
综合实训——挑战商业项目

本章将会结合之前学习的内容进行汇总，从而制作5个商业项目实战案例。这些案例都是日常生活和工作中常用到的，读者可结合案例视频进行学习。本章中的案例制作步骤仅为参考，希望读者可以理解制作的思路，举一反三。

实例078　主图视频——家居产品展示

主图视频是淘宝店铺展示产品的主要方式之一，一般位于产品主图之前。主图视频经过短短十几秒或者几十秒的展示，可以生动形象地将产品特点展现出来，相比平面图片，更容易吸引消费者。本案例将讲解主图视频的制作方法，效果如图9-1所示。

扫码看视频
实例078

图 9-1

图 9-2

图 9-3

图 9-4

步骤01 打开剪映，进入素材添加界面后点击切换至"素材库"选项，选择其中的白场素材，完成选择后点击界面右下角的"添加"按钮将其添加至剪辑项目中，如图9-2所示。

步骤02 在未选中任何素材的状态下，点击底部工具栏中的"比例"按钮■，如图9-3所示，打开比例选项栏，选择其中的"9：16"选项，如图9-4所示。

步骤03 在时间线区域选中白场素材，点击底部工具栏中的"编辑"按钮■，如图9-5所示，打开编辑选项栏，点击其中的"裁剪"按钮■，如图9-6所示，在裁剪选项中选择"9：16"的比例，并点击右下角的按钮■保存操作，如图9-7所示。

图 9-5

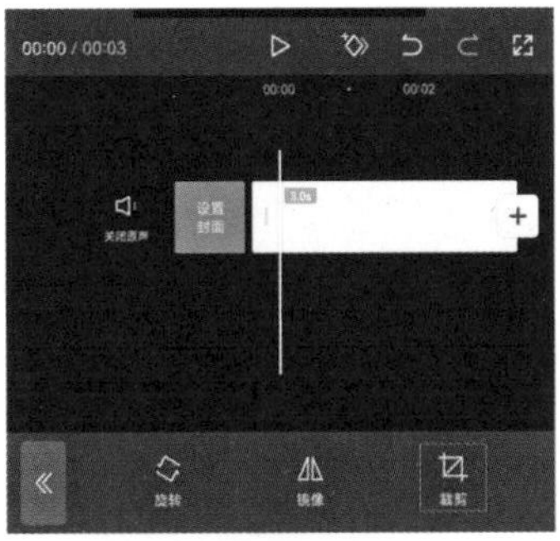

图 9-6

图 9-7

步骤04 在预览区域将白场素材放大，使其将整个画面覆盖，再在时间线区域点击按钮 **+**，如图9-8所示。进入素材添加界面，点击切换至素材库选项，在界面顶部的搜索栏中输入关键词"色卡素材"，点击"搜索"按钮，如图9-9所示。在搜索出的背景视频素材中选择图9-10中的视频素材，完成选择后点击界面右下角的"添加"按钮将其添加至剪辑项目中。

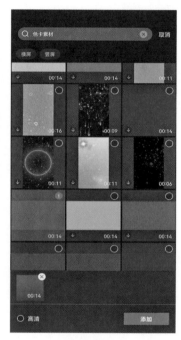

图9-8   图9-9   图9-10

步骤05 将时间轴移动至色卡素材中第3种颜色的位置，选中色卡素材，点击底部工具栏中的"定格"按钮 ▣，如图9-11所示。

步骤06 在时间线区域选中衔接在定格片段前的色卡素材，点击底部工具栏中的"删除"按钮 ▥，如图9-12所示，将素材删除。再参照上述操作方法，将衔接在定格片段后的色卡素材删除。

步骤07 在时间线区域选中定格片段，点击底部工具栏中的"切画中画"按钮 ⤬，如图9-13所示。

图9-11   图9-12   图9-13

步骤08 参照步骤04的操作方法在素材库中导入黑场素材，将其添加至剪辑项目中，点击底部工具栏中的"切画中画"按钮，如图9-14所示，并在轨道中将其移动至定格片段的下方，在预览区域调整好黑场素材和定格片段的大小和位置，如图9-15所示。

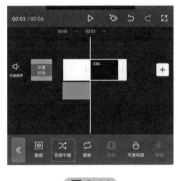

图 9-14

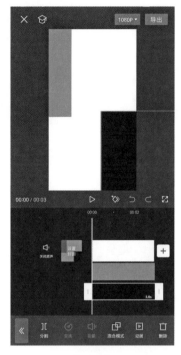

图 9-15

步骤09 在时间线区域选中黑场素材，点击底部工具栏中的"不透明度"按钮，在底部浮窗中滑动不透明度滑块，将其数值设置为36，如图9-16和图9-17所示。

步骤10 参照步骤04的操作方法在素材添加界面导入产品素材，将其添加至剪辑项目中，点击底部工具栏中的"切画中画"按钮，如图9-18所示。

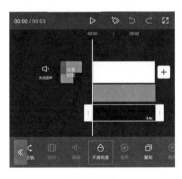

图 9-16

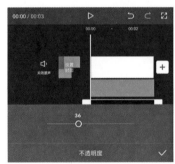

图 9-17

图 9-18

步骤11 参照步骤03的操作方法，将产品素材裁剪为"3：4"的比例，并在预览区域调整好素材的大小和位置，如图9-19所示。

步骤12 将时间线定位至视频的起始位置，在未选中任何素材的状态下点击底部工具栏中的"特效"按钮，如图9-20所示，打开特效选项栏，点击其中的"画面特效"按钮，如图9-21所示。

图 9-20

图 9-21

图 9-19

步骤13 打开画面特效选项栏，选择"边框"选项中的"动感荧光"特效，完成后点击按钮☑保存操作，如图 9-22 所示。再在底部工具栏中点击"作用对象"按钮⬦，如图 9-23 所示，在选项栏中选择产品素材，点击按钮☑保存操作，如图 9-24 所示。

图 9-22

图 9-23

图 9-24

步骤14 将时间轴移动至视频的起始位置，在未选中任何素材的状态下，点击底部工具栏中的"文字"按钮**T**，如图 9-25 所示，打开文字选项栏，点击其中的"新建文本"按钮**A+**，如图 9-26 所示，在文本框中输入需要添加的文字内容，在字体选项栏中选择"雅酷黑简"字体，并点击按钮☑保存操作，如图 9-27 所示。

图 9-25

图 9-26

图 9-27

步骤15 点击切换至"样式"选项，在颜色选项栏中选择图9-28中的颜色。再点击切换至"动画"选项，选择出场动画中的"向右滑动"效果，将动画时长设置为0.9s，并点击按钮☑保存操作，如图9-29所示。参照上述操作方法为字幕添加出场动画中的"向左滑动"效果，如图9-30所示。

图 9-28

图 9-29

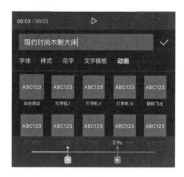

图 9-30

图 9-31

步骤16 参照步骤14和步骤15的操作方法为视频添加"FASHION"和"CONCISE"字幕。再在预览区域调整好三段字幕的大小和位置，如图9-31所示。

步骤17 在时间线区域选中产品素材，点击底部工具栏中的"动画"按钮▶，如图9-32所示，打开动画选项栏，点击其中的"入场动画"按钮⇥，如图9-33所示。

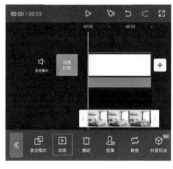

图 9-32

图 9-33

步骤18 打开入场动画选项栏，选择其中的"向右滑动"效果，并将动画时长设置为0.9s，如图9-34所示。

步骤19 将时间轴定位至动画效果结束的位置，点击界面中的按钮◇，添加一个关键帧，如图9-35所示。再将时间轴移动至视频的2s处，在预览区域将产品素材缩小，此时剪映将会自动在时间轴所在的位置打上关键帧，如图9-36所示。

步骤20 将时间轴移动至产品素材的尾端，在预览区域将产品素材向右移动，使其消失在画面中，剪映将会在素材的尾端再次打上一个关键帧，如图9-37所示。

图 9-34　　　　图 9-35　　　　图 9-36　　　　图 9-37

步骤21 参照步骤17～19的操作方法，为定格片段添加"向下滑动"的入场动画和"向上滑动"的关键帧动画，为黑场素材添加"向上滑动"的入场动画和"向下滑动"的关键帧动画。

步骤22 参照上述的操作方法，制作余下的产品展示页面，效果如图9-38所示。

图 9-38

步骤23 完成所有操作后，再为视频添加一首合适的背景音乐，即可点击界面右上角的"导出"按钮，将视频保存至相册。

提示

在剪映中，用户不仅可以使用"转场"功能来实现素材与素材之间的切换，也可以利用"动画"功能来做转场，使各个素材之间的连接更加紧密，获得更流畅和平滑的过渡效果，从而让短视频作品显得更加专业。

实例079　直播预告——美妆专场

直播预告视频是指通过视频的形式向观众预告直播信息，它可以将开播信息推送给有潜在看播兴趣的观众，提升看播量和流量转化效率。本案例将讲解直播预告视频的制作方法，效果如图9-39所示。

步骤01 打开剪映，在素材添加界面选择八段美妆产品的素材添加至剪辑项目中。在时间线区域选中第1段素材，将时间线轴移动至画面中产品即将出现的位置，点击底部工具栏中的"分割"按钮，如图9-40所示。再将时间轴移动至画面中水流消失的位置，点击底部工具栏中的"分割"按钮，如图9-41所示。在时间线区域选中分割出来的第1段素材，点击底部工栏中的"删除"按钮将其删除，如图9-42所示。

图 9-39

扫码看视频
实例079

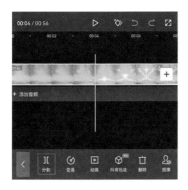

图 9-40

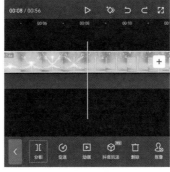

图 9-41

图 9-42

步骤02 将时间轴移动至第2段素材画面中文字即将出现的位置，点击底部工具栏中的"分割"按钮Ⅱ，再点击"删除"按钮🗑，将多余的素材删除，如图9-43和图9-44所示。

图 9-43

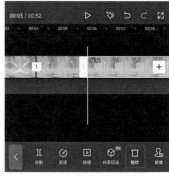

图 9-44

步骤03 在时间线区域选中第1段素材，点击底部工具栏中的"变速"按钮⊘，如图9-45所示，打开变速选项栏，点击其中的"常规变速"按钮☑，如图9-46所示，在底部浮窗中滑动变速滑块，将数值设置为2.2×，并点击按钮✔保存操作，如图9-47所示。

图 9-45

图 9-46

图 9-47

步骤04 在时间线区域选中最后一段素材，点击底部工具栏中的"复制"按钮🗐，在轨道中复制一段一模一样的素材，如图9-48和图9-49所示。重复上述操作，再在轨道区域将最后一段素材复制一份。

步骤05 在时间线区域选中第3段素材，将其右侧白色边框向左拖动，使素材的持续时长缩短至1.2s，如图9-50所示。参照上述操作方法，将第4、第7和第8段素材缩短至1.2s，将第5和第9段素材缩短至0.3s，将第6段素材缩短至1s，将第10段素材缩短至1.1s。

图 9-48

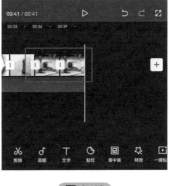

图 9-49

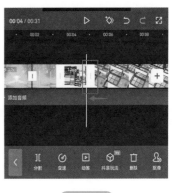

图 9-50

步骤06 在未选中任何素材的状态下，点击底部工具栏中的"比例"按钮■，如图9-51所示，打开比例选项栏，选择其中的"9：16"选项，如图9-52所示。

图 9-51

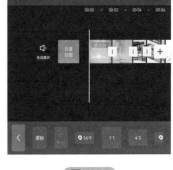

图 9-52

步骤07 在时间线区域选中白场素材，点击底部工具栏中的"编辑"按钮■，如图9-53所示，打开编辑选项栏，点击其中的"裁剪"按钮■，如图9-54所示，在裁剪选项中选择"9：16"的比例，并点击按钮■保存操作，如图9-55所示。

图 9-53

图 9-54

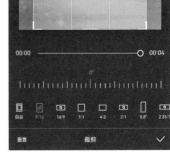

图 9-55

步骤08 在预览区域将白场素材放大，使其将整个画面覆盖，如图9-56所示。参照步骤07的操作方法将除素材8和素材9以外的其他素材都裁剪为"9∶16"的比例，将素材9裁剪为"16∶9"的比例。

步骤09 将时间轴移动至第8段素材的位置，在未选中任何素材的状态下点击底部工具栏中的"背景"按钮▨，如图9-57所示，打开背景选项栏，点击其中的"画布模糊"按钮◐，如图9-58所示，在效果选项栏中选择第2种模糊效果，如图9-59所示。参照上述操作方法，为第9段素材添加模糊背景。

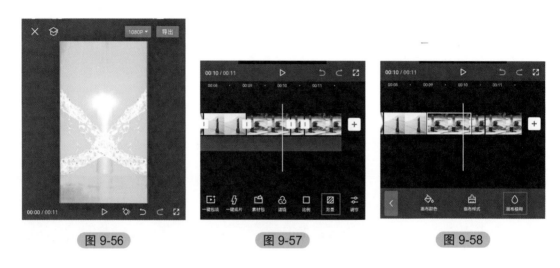

图 9-56   图 9-57   图 9-58

步骤10 在时间线区域点击按钮囗，如图9-60所示，打开转场选项栏，选择分割选项中的"分割Ⅱ"效果，并点击按钮✓保存操作，如图9-61所示。

步骤11 参照步骤10的操作方法，在第2和第3段素材中间添加"分割Ⅲ"转场效果，在第3和第4段素材中间添加"拉远"转场效果，在第5和第6、第8和第9段素材中间添加"叠化"转场效果，在第6和第7段素材中间添加"炫光"转场效果，在第7和第8段素材中间添加"分割Ⅳ"转场效果。

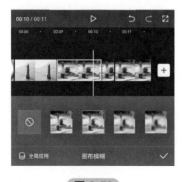

图 9-59   图 9-60   图 9-61

步骤12 在时间线区域选中第4段素材，点击底部工具栏中的"动画"按钮▶，如图9-62所示，打开动画选项栏，点击其中的"出场动画"按钮◀，如图9-63所示，在出场动画选项栏中选择"镜像翻转"效果，并点击按钮✓保存操作，如图9-64所示。

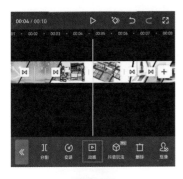
图 9-62

图 9-63

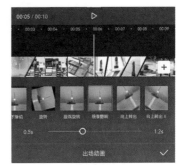
图 9-64

步骤13 将时间轴移动至第4段素材的起始位置，在未选中任何素材的状态下点击"特效"按钮✦，如图9-65所示。打开特效选项栏，点击其中的"画面特效"按钮，如图9-66所示，在画面特效选项栏中选择动感选项中的"横纹故障Ⅱ"效果，并点击按钮✓保存操作，如图9-67所示。

步骤14 在时间线区域将特效素材右侧的边框向拖动，使其尾端和第4段素材的尾端对齐，如图9-68所示。

步骤15 参照步骤13和步骤14的操作方法，为第7段素材添加"四屏"和"蹦迪彩光"效果。

图 9-65

图 9-66

图 9-67

图 9-68

步骤16 将时间轴移动至视频的起始位置，在未选中任何素材的状态下，点击底部工具栏中的"文字"按钮**T**，如图9-69所示，打开文字选项栏，点击其中的"新建文本"按钮**A+**，如图9-70所示，在文本框中输入需要添加的文字内容，在字体选项栏中选择"甜甜圈"字体，并在预览区域调整好字幕的大小和位置，如图9-71所示。

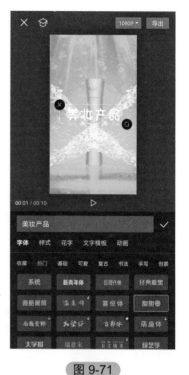

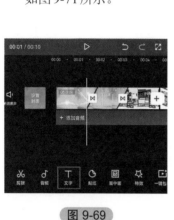

图 9-69

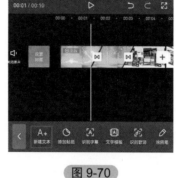

图 9-70

图 9-71

步骤17 点击切换至花字选项栏，选择图9-72中的花字样式，再点击切换至动画选项，选择入场选项中的"打字机Ⅱ"效果，并点击按钮**✓**保存操作，如图9-73所示。在时间线区域将字幕素材右侧的边框向左拖动，使其尾端和第4段素材的尾端对齐，如图9-74所示。

图 9-72

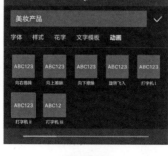

图 9-73

图 9-74

步骤18 参照步骤16和步骤17的操作方法为视频添加其他的字幕。完成所有操作后，再为视频添加一首合适的背景音乐，即可点击界面右上角的"导出"按钮，将视频导出至相册。

提示

在撰写短视频文案时，内容要简洁，突出重点，切忌过于复杂。短视频中的文案内容简单明了，观众会有一个比较舒适的视觉享受，阅读起来也更为方便。

实例080　新品发布——女装店铺上新

平时在逛淘宝、京东等购物平台时，经常可以看到十几秒或几十秒的新品促销视频，相比于静态的广告图片，这种视频往往能更好地展示商品、吸引用户，并激发用户的购买欲。本案例将讲解新品推荐视频的制作方法，效果如图9-75所示。

图 9-75

扫码看视频
实例080

步骤01 打开剪映，进入素材添加界面后点击切换至"素材库"选项，如图9-76所示，在界面顶部的搜索栏中输入关键词"色卡"，点击"搜索"按钮，如图9-77所示。在搜索出的色卡素材中选择图9-78中的素材，完成选择后点击界面右下角的"添加"按钮将其添加至剪辑项目中。

图 9-76

图 9-77

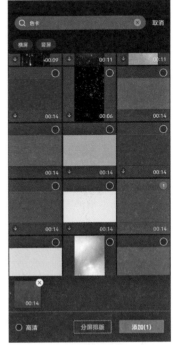

图 9-78

步骤02　将时间轴定位于视频的起始位置，点击底部工具栏中的"定格"按钮▣，如图9-79所示。选中定格片段后的色卡素材，点击底部工具栏中的"删除"按钮🗑将其删除，如图9-80所示。

步骤03　在时间线区域将定格片段右侧的白色边框向右拖动，将素材时长延长至8.0s，如图9-81所示。

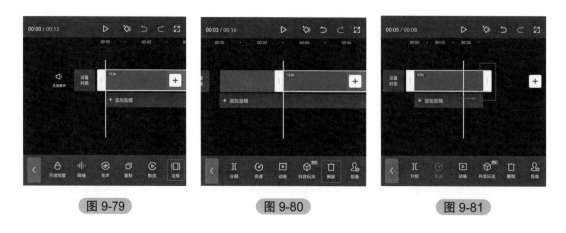

<table>
<tr><td>图 9-79</td><td>图 9-80</td><td>图 9-81</td></tr>
</table>

步骤04　在未选中任何素材的状态下，点击底部工具栏中的"比例"按钮▣，如图9-82所示，打开比例选项栏，选择其中的"9∶16"选项，如图9-83所示。再在时间线区域选中白场素材，点击底部工具栏中的"编辑"按钮◨，如图9-84所示。

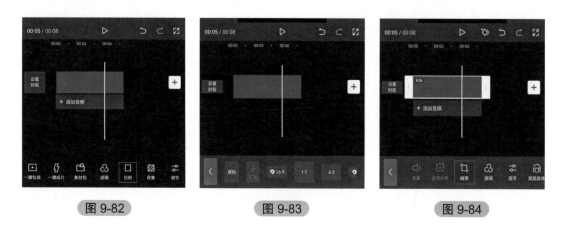

<table>
<tr><td>图 9-82</td><td>图 9-83</td><td>图 9-84</td></tr>
</table>

步骤05　打开编辑选项栏，点击其中的"裁剪"按钮◪，如图9-85所示，在裁剪选项中选择"9∶16"的比例，并点击按钮✓保存操作，如图9-86所示。在预览区域将定格片段放大，使其将整个画面覆盖，如图9-87所示。

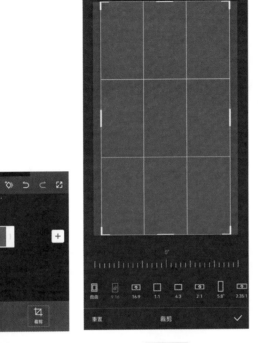

图 9-86

图 9-87

图 9-85

步骤06 将时间轴移动至视频的起始位置，在未选中任何素材的状态下，点击底部工具栏中的"文字"按钮**T**，如图9-88所示，打开文字选项栏，点击其中的"新建文本"按钮**A+**，如图9-89所示，在文本框中输入需要添加的文字内容，并在预览区域调整好字幕的大小和位置，如图9-90所示。

图 9-88

图 9-89

图 9-90

步骤07 点击切换至动画选项栏，选择出场选项中的"缩小Ⅱ"效果，并点击按钮
☑️ 保存操作，如图9-91所示。在时间线区域将字幕素材右侧的白色边框向左拖动，
使其时长缩短至2.4s左右，再点击按钮‹返回二级菜单，点击其中的"添加贴纸"按
钮🕐，如图9-92和图9-93所示。

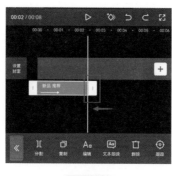

图9-91 　　　　　　　　图9-92 　　　　　　　　图9-93

步骤08 打开贴纸选项栏，在搜索栏中输入关键词"白色边框"，点击"搜索"按
钮，如图9-94所示。在搜索出的边框选项选择图9-95中的边框样式。

步骤09 在预览区域调整好贴纸素材的大小和位置，
使其将字幕框住，并在轨道中将贴纸的持续时长缩短
至和字幕素材同长，如图9-96所示。

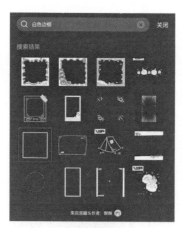

图9-94 　　　　　　　　图9-95 　　　　　　　　图9-96

步骤10 在时间线区域选中贴纸素材，点击底部工具栏中的"动画"按钮 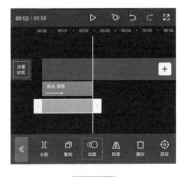，如图 9-97所示，打开动画选项栏，选择入场动画中的"缩小"效果，将动画时长设置为 1.0s，并点击按钮 ✓ 保存操作，如图9-98所示。

图 9-97

图 9-98

步骤11 参照步骤06和步骤07的操作方法，在"新品推荐"字幕动画效果结束的位置，为视频添加"王小姐旗舰店"和"2023夏季上新"字幕，在预览区域将其分别置于边框的上方和下方，并为字幕添加"逐字旋转"的入场动画效果，如图9-99所示。

图 9-99

步骤12 参照步骤06和步骤07的操作方法，为视频添加时长为0.7s的"潮流"字幕，将其置于画面的正中间，并为其添加"随机弹跳"的入场动画效果，如图9-100所示。

步骤13 参照步骤06和步骤07的操作方法，为视频添加时长为1.1s的"新品"字幕和0.6s的"上市"字幕，将其置于画面的正中间，并分别为其添加"向上重叠"和"向上露出"的入场动画效果，如图9-101所示。

步骤14 参照步骤06和步骤07的操作方法，为视频添加时长为1.2s的"爆款单品""强势""来袭"字幕，并分别为其添加"渐显""向下滑动""向上滑动"的入场动画效果，以及"渐隐""向右滑动""向左滑动"的出场动画效果，如图9-102所示。

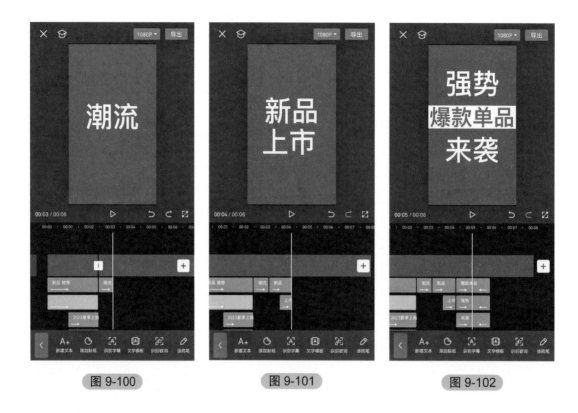

图 9-100　　　　　　　图 9-101　　　　　　　图 9-102

步骤15　参照步骤06和步骤07的操作方法，为视频添加5段"全场半价"字幕，并分别为其添加"向下飞入""向下露出""向上露出"的入场动画效果，如图9-103所示。

步骤16　在时间线区域点击按钮 ⊞，如图9-104所示，进入素材添加界面选择6张产品图片添加至剪辑中，并参照步骤05的操作方法将素材裁剪为"9 ∶ 16"的比例。在时间线区域选中第1张产品图片，将其右侧的白色边框向左拖动，使素材的持续时长缩短至2.2s，如图9-105所示。

图 9-103　　　　　　　图 9-104　　　　　　　图 9-105

步骤17 在时间线区域点击按钮⬜，如图9-106所示，打开转场选项栏，选择分割选项中的"横向拉幕"效果，并点击按钮☑保存操作，如图9-107所示。

步骤18 参照步骤17的操作方法，在第1张和第2张产品照片中间添加"横向拉幕"转场效果，在第3张和第4张产品照片中间添加"叠化"转场效果，在第5张和第6张产品照片中间添加"横向拉幕"转场效果。

图 9-106

图 9-107

步骤19 在时间线区域选中第4段素材，点击底部工具栏中的"动画"按钮▶，如图9-108所示，打开动画选项栏，点击其中的"入场动画"按钮⬅，如图9-109所示，在入场动画选项栏中选择"镜像翻转"效果，并点击按钮☑保存操作，如图9-110所示。

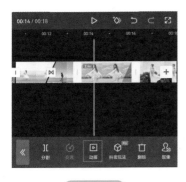

图 9-108

图 9-109

图 9-110

步骤20 将时间轴移动至第3段素材的起始位置，在未选中任何素材的状态下点击底部工具栏中的"特效"按钮✦，如图9-111所示，打开特效选项栏，点击其中的"画面特效"按钮🖼，如图9-112所示。打开画面特效选项栏，选择"分屏"选项中的"四屏"特效，并点击按钮☑保存操作，如图9-113所示。在轨道中，将特效素材右侧的白色边框向左拖动，使其尾端和第3段素材的尾端对齐，如图9-114所示。

图 9-111

图 9-112　　　　　　　图 9-113　　　　　　　图 9-114

步骤21 参照步骤06至步骤09的操作方法为第1段和第2段素材添加字幕和贴纸，如图9-115和图9-116所示。

步骤22 参照步骤20的操作方法为第3段素材添加"蹦迪彩光"特效，为第4段素材添加"六屏"和"扫描光条"特效。再参照步骤06和步骤07的操作方法为第3段和第4段素材添加字幕，如图9-117和图9-118所示。

图 9-115　　　　　　图 9-116　　　　　　图 9-117　　　　　　图 9-118

步骤23 参照步骤06至步骤09的操作方法为第5段和第6段素材添加字幕和贴纸，如图9-119和图9-120所示。

➡ **步骤24** 复制色卡素材并在第6段素材和色卡素材中间添加"拉远"转场效果，参照步骤16的操作方法从素材添加界面导入素材并将其移动至画中画轨道，再参照步骤06和步骤07的操作方法为视频添加字幕，如图9-121所示。

图 9-119

图 9-120

图 9-121

➡ **步骤25** 完成所有操作后，再为视频添加一首合适的背景音乐，即可点击界面右上角的"导出"按钮，将视频导出至相册。

⏰ **提示**

上述案例是使用色卡素材作为整个视频的背景，除此之外，在剪映手机版中，"背景"功能中的"画布样式"选项栏里有一个按钮，点击后可以打开手机相册，用户可以在其中选择合适的图片作为自定义的背景。

实例081 婚礼开场——浪漫婚恋记录

婚礼开场视频主要运用在婚礼现场，起到烘托气氛的作用。本案例将介绍婚礼庆典开场视频的制作方法，效果如图9-122所示。

扫码看视频
实例081

图 9-122

步骤01　打开剪映，进入素材添加界面后点击切换至"素材库"选项，如图 9-123 所示，在界面顶部的搜索栏中输入关键词"星星背景视频"，点击"搜索"按钮，如图 9-124 所示。在搜索出的背景视频素材中选择图 9-125 中的视频素材，并点击界面右下角的"添加"按钮将其添加至剪辑项目中。

图 9-123

图 9-124

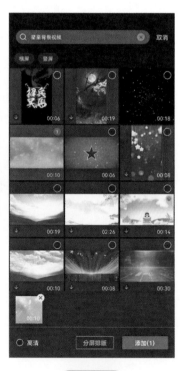

图 9-125

步骤02　进入视频添加界面，在时间线区域选中视频素材，点击底部工具栏中的"复制"按钮▣，如图9-126所示，在轨道中复制一段一模一样的视频素材，如图9-127所示。参照上述操作方法，在轨道中再复制5段视频素材，如图9-128所示。

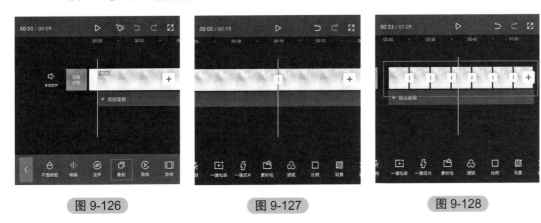

图 9-126　　　　　　　　图 9-127　　　　　　　　图 9-128

步骤03　将时间轴移动至视频的起始位置，在未选中任何素材的状态下，点击底部工具栏中的"音频"按钮♪，如图9-129所示，打开音频选项栏，点击其中的"音乐"按钮▣，如图9-130所示。进入剪映的音乐素材库，点击其中的"抖音收藏"选项，选择图9-131中的音乐，点击"使用"按钮将其添加至剪辑项目中。

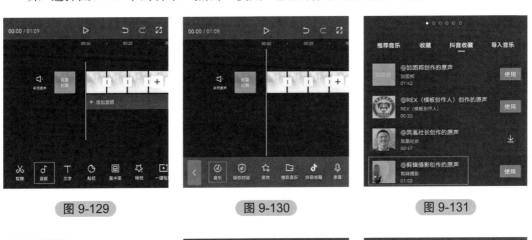

图 9-129　　　　　　　　图 9-130　　　　　　　　图 9-131

步骤04　将时间轴移动至音频的尾端，选中最后一段视频素材，点击底部工具栏中的"分割"按钮Ⅱ，再点击"删除"按钮▣，如图9-132和图9-133所示，将多余的视频素材删除。

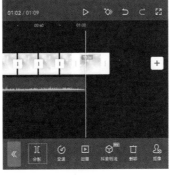
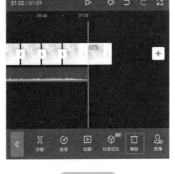

图 9-132　　　　　　　　图 9-133

步骤05 将时间轴移动至视频的起始位置，在未选中任何素材的状态下，点击底部工具栏中的"文字"按钮 T，如图 9-134 所示，打开文字选项栏，点击其中的"新建文本"按钮 A+，如图 9-135 所示，在文本框中输入需要添加的文字内容，点击切换至花字选项栏，选择图 9-136 中的花字样式，并在预览区域调整好字幕的大小和位置。

图 9-134

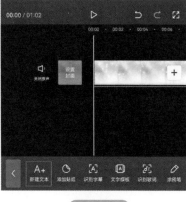

图 9-135

图 9-136

步骤06 在时间线区域将文字素材右侧的白色边框向右拖动，使其延长 4s，如图 9-137 所示。将时间轴移动至视频的起始位置，点击界面中的按钮 ◇，添加一个关键帧，如图 9-138 所示。将时间轴移动至文字素材的尾端，在预览区域双指相向滑动，将文字素材缩小，此时剪映会自动在时间轴所在位置再创建一个关键帧，执行操作后，单击底部工具栏中的"动画"按钮 ◎，如图 9-139 所示。

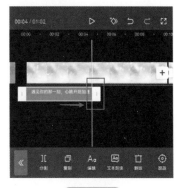

图 9-137

图 9-138

图 9-139

步骤07 打开动画选项栏，在"入场"选项中选择"飞入"效果，将动画时长设置为1.6s，如图9-140所示；在"出场"选项中选择"飞出"效果，并将动画时长设置为1.6s，完成后点击按钮☑保存操作，如图9-141所示。

步骤08 参照步骤05至步骤07的操作方法为上述字幕添加译文，如图9-142所示。

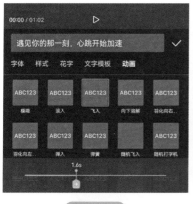

图 9-140

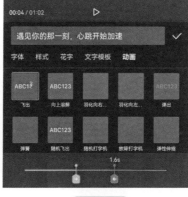

图 9-141

图 9-142

步骤09 参照步骤05至步骤08的操作方法为视频添加一段新的字幕，如图9-143所示。

步骤10 参照步骤05的操作方法为视频添加一段竖排字幕，并参照步骤07的操作方法为字幕添加入场动画中的"波浪降入"效果，如图9-144所示。

步骤11 将时间轴移动至竖排字幕的起始位置，点击底部工具栏中的"添加贴纸"按钮🌙，如图9-145所示。

图 9-143

图 9-144

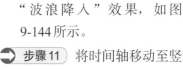

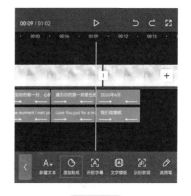

图 9-145

步骤12 打开贴纸选项栏，在搜索框中输入相应的关键词"婚礼装饰"，点击"搜索"按钮，如图9-146所示。在搜索出的贴纸选项中选择合适的贴纸，在预览区域中调整好贴纸的大小和位置，完成后点击按钮☑保存操作，如图9-147所示。在时间线区域将贴纸素材的右侧边框向右拖动，使其和竖排字幕素材的长度保持一致，如图9-148所示。

图 9-146   图 9-147   图 9-148

步骤13 参照步骤11和步骤12的操作方法为视频添加一个边框贴纸，并在预览区域中调整好贴纸的大小和位置，如图9-149所示。

步骤14 在时间线区域选中婚纱装饰贴纸素材，点击底部工具栏中的"动画"按钮◎，如图9-150所示，打开动画选项栏，在"入场"选项中选择"渐隐"效果，将动画时长设置为1.6s，并点击按钮☑保存操作，如图9-151所示。参照上述操作方法为边框贴纸添加"渐显"动画效果。

图 9-149   图 9-150   图 9-151

步骤15 将时间轴移动至竖排字幕的尾端，点击底部工具栏中的"画中画"按钮 ⊡，
再点击"新增画中画"按钮 ⊞，如图9-152和图9-153所示，打开手机相册，从中选
择一张婚纱照导入剪辑项目中，并将其时长延长至4.7s，如图9-154所示。

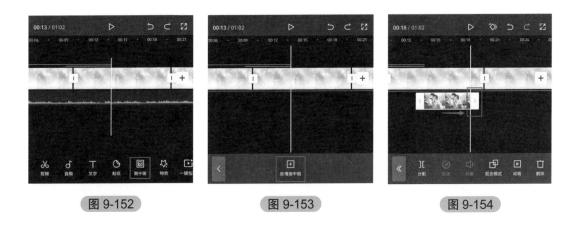

图 9-152　　　　　　　　图 9-153　　　　　　　　图 9-154

步骤16 点击底部工具栏中的"编辑"按钮 ⊡，如图9-155所示，打开编辑选项栏，
点击其中的"裁剪"按钮 ⊡，如图9-156所示，在裁剪选项栏中选择"16：9"选项，
并点击按钮 ✓ 保存操作，如图9-157所示。

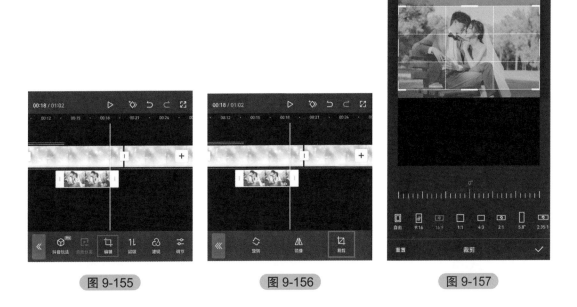

图 9-155　　　　　　　　图 9-156　　　　　　　　图 9-157

➜ **步骤17** 在预览区域双指背向滑动，将素材放大，使其铺满画面，点击底部工具栏中的"蒙版"按钮 ⊘，如图9-158所示。打开蒙版选项栏，选择其中的圆形蒙版，并在预览区域调整好蒙版的大小和位置，按住"羽化"按钮 ⌄ 将其向下拖动，使蒙版的边缘变得更加柔和，完成后点击按钮 ✓ 保存操作，如图9-159所示。

图 9-158　　　　　　　　　　图 9-159

➜ **步骤18** 在选中婚纱照素材的状态下，点击底部工具栏中的"不透明度"按钮 ◯，如图9-160所示，在底部浮窗中拖动"不透明度"滑块，将数值设置为0，完成后点击按钮 ✓ 保存操作，如图9-161所示。执行操作后点击界面中的按钮 ✦，添加一个关键帧，如图9-162所示。

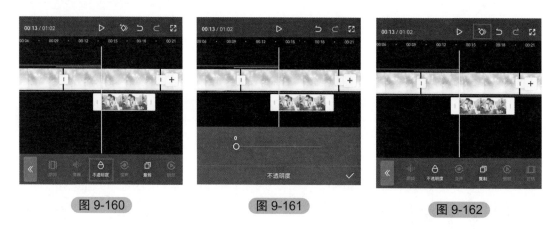

图 9-160　　　　　　　　图 9-161　　　　　　　　图 9-162

➜ **步骤19** 将时间轴移动至婚纱照素材的尾端，点击底部工具栏中的"不透明度"按钮 ◯，如图9-163所示，在底部浮窗中拖动"不透明度"滑块，将数值设置为100，并点击按钮 ✓ 保存操作，如图9-164所示，剪映将会自动在时间线所在位置再创建一个关键帧，如图9-165所示。

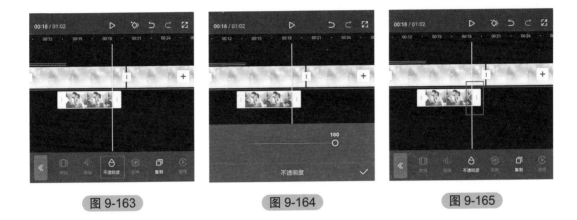

| 图 9-163 | 图 9-164 | 图 9-165 |

步骤20 参照步骤05至步骤07的操作方法为视频添加字幕，将其置于画面的右下角，并在时间线区域调整好字幕素材的持续时长，使其和婚纱照素材的长度保持一致，如图9-166所示。

步骤21 参照步骤15的操作方法，在视频中再次导入9张婚纱照，并参照步骤17至步骤20的操作方法，为其添加蒙版、关键帧和字幕，如图9-167所示。

步骤22 将时间轴移动至第10张婚纱照素材的尾端，参照步骤11和步骤12的操作方法，为视频添加一段字幕，并为字幕添加入场动画中的"波浪弹入"效果，如图9-168所示。

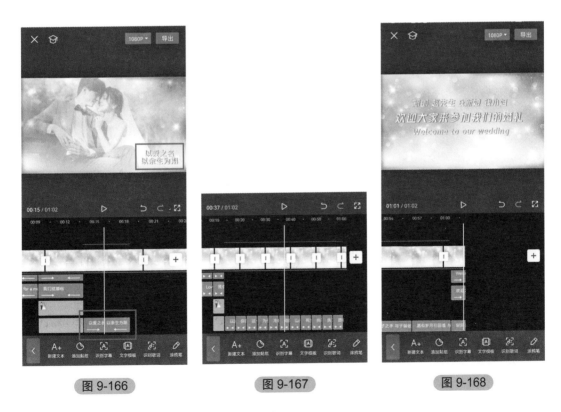

| 图 9-166 | 图 9-167 | 图 9-168 |

步骤23 将时间轴移动至第1张婚纱照素材的起始位置，点击底部工具栏中的"特效"按钮，如图9-169所示，打开特效选项栏，点击其中的"画面特效"按钮，如图9-170所示，在"氛围"选项区中选择"星河"特效，并点击按钮保存操作，如图9-171所示。

图 9-169

图 9-170

图 9-171

步骤24 完成所有操作后，即可点击界面右上角的"导出"按钮，将视频保存至相册。

提示

需要注意的是，剪映的贴纸素材会经常进行更新和重新归类，贴纸主题的名称也会有所变动，用户可以在贴纸素材库中仔细寻找，以往的贴纸效果通常都能找到。

实例082　公益宣传——劳动节公益短片

公益广告是不以营利为目的而为社会提供免费服务的广告活动，宣扬美德、文化等积极向上的内容。本案例将介绍公益宣传短片的制作方法，效果如图9-172所示。

扫码看视频
实例082

图 9-172

步骤01 打开剪映，在素材添加界面选择27段关于劳动的背景视频素材添加至剪辑项目中。在未选中任何素材的状态下点击底部工具栏中的"音频"按钮♫，如图9-173所示，打开音频选项栏，点击其中的"音乐"按钮♪，如图9-174所示。进入剪映的音乐素材库，点击其中的"抖音收藏"选项，选择图9-175中的音乐，点击"使用"按钮将其添加至剪辑项目中。

图 9-173

图 9-174

图 9-175

步骤02 将时间轴移动至音频中人物说话前一秒的位置，选中第1段视频素材，点击底部工具栏中的"分割"按钮▐，再点击"删除"按钮🗑，如图9-176和图9-177所示，将分割出来的后半段视频素材删除。参照上述操作方法，根据音频将视频素材进行裁剪，如图9-178所示。

图 9-176

图 9-177

图 9-178

步骤03 在未选中任何素材的状态下，点击底部工具栏中的"文字"按钮Ｔ，如图9-179所示，打开文字选项栏，点击其中的"识别字幕"按钮，如图9-180所示，再在底部浮窗中点击"开始匹配"按钮，如图9-181所示。

图 9-179

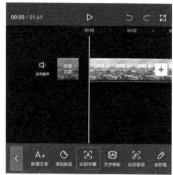

图 9-180

图 9-181

步骤04 等待片刻，识别完成后，时间线区域将自动生成字幕，选中其中的任意一段字幕，点击底部工具栏中的"批量编辑"按钮，如图9-182所示，在底部浮窗中根据音频对字幕进行矫正，完成后点击界面中的按钮✓保存操作，如图9-183所示。

图 9-182

图 9-183

步骤05 在选中字幕素材的状态下，点击底部工具栏中的"编辑"按钮Aa，如图9-184所示，打开编辑选项栏，点击切换至花字选项，在花字选项栏中选择图9-185中的花字效果。

图 9-184

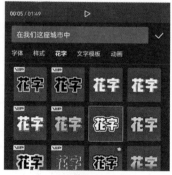

图 9-185

步骤06 将时间轴移动至视频的起始位置，点击底部工具栏中的"文字"按钮 **T**，如图9-186所示，打开文字选项栏，点击其中的"新建文本"按钮 **A+**，如图9-187所示，在文本框中输入需要添加的文字内容，并在字体选项栏中选择"大字报"字体，如图9-188所示。

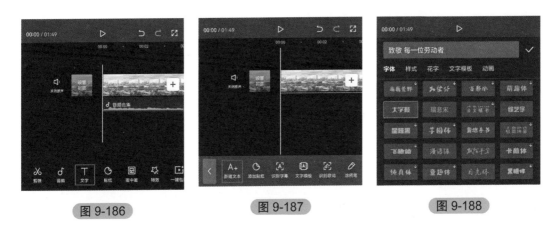

图 9-186   图 9-187   图 9-188

步骤07 点击切换至花字选项，在花字选项栏中选择图9-189中的花字样式；再点击切换至动画选项，选择入场动画中的"渐显"效果，将动画时长设置为1.5s，并点击按钮 **✓** 保存操作，如图9-190所示。参照上述操作方法为字幕添加出场动画中的"渐隐"效果，如图9-191所示。

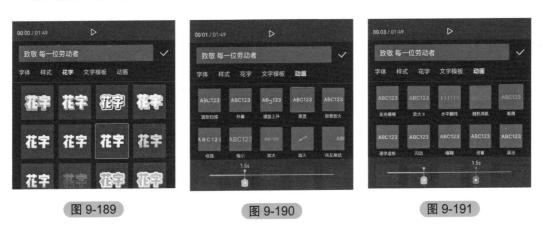

图 9-189   图 9-190   图 9-191

步骤08 参照步骤06和步骤07的操作方法为视频添加"ZHIJINGMEIYIWEILAO-DONGZHE"和"2023五一劳动节公益片"的字幕，并在轨道区域调整好字幕素材的持续时长，使其长度和第1段视频素材的长度保持一致，如图9-192所示。

步骤09 在时间线区域点击第1段视频素材和第2段视频素材中间的按钮 **|**，如图9-193所示，打开转场选项栏，选择叠化选项中的"叠化"效果，并点击按钮 **✓** 保存操作，如图9-194所示。

图 9-192

图 9-193

图 9-194

步骤10 将时间轴移动至最后一段字幕素材的尾端，参照步骤06和步骤07的操作方法，为视频添加"五一劳动节来临之际"字幕，并在轨道中将字幕素材的时长延长至5s，如图9-195所示。

步骤11 将时间轴移动至"五一劳动节来临之际"字幕的尾端，参照步骤06和步骤07的操作方法，为视频添加"谨以此片致敬每一位平凡而伟大的劳动者"字幕，并在轨道区域调整好字幕素材的持续时长，使其尾端和视频的尾端对齐，如图9-196所示。

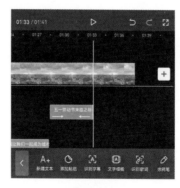

图 9-195

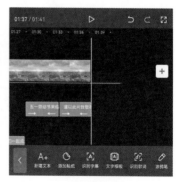

图 9-196

➡ **步骤12** 将时间轴移动至视频素材的尾端，在时间线区域选中音频素材，点击底部工具栏中的"分割"按钮 ，再点击"删除"按钮 ，如图9-197和图9-198所示，将多余的音频素材删除。

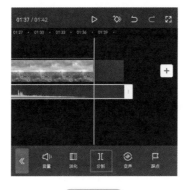
图 9-197

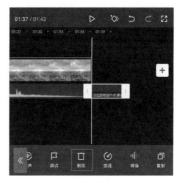
图 9-198

➡ **步骤13** 完成所有操作后，即可点击界面右上角的"导出"按钮，将视频保存至相册。

 提示

在给视频添加字幕内容时，不仅要注意文字的准确性，还需要适当减少文字的数量，让观众获得更好的阅读体验。否则如果短视频中的文字太多，观众可能把视频都看完了，却还没有看清楚其中的文字内容。

案例集合剪映基本功能、字幕、调色、
卡点、合成效果、转场、超多特效效果、
创意片头片尾、商业视频、婚礼短片、
自娱自乐，助你成为剪映高手！

做出炫酷短视频如此简单

建议使用二维码配合本书学习，尽享智能伴读

智能阅读向导为您严选以下专属服务

海量素材
扫码即可下载使用
分享交流
学习过程有疑难，
入群分享共交流

销售分类建议：计算机

ISBN 978-7-122-43125-7

9 787122 431257 >

定价：99.00元